电力监控系统网络安全技术系列丛书

电力监控系统网络安全运维技术与实践

杨家全　冯勇　李踔　王禹◎编著

西南交通大学出版社
·成　都·

图书在版编目（CIP）数据

电力监控系统网络安全运维技术与实践 / 杨家全等编著. —成都：西南交通大学出版社，2020.10
ISBN 978-7-5643-7749-6

Ⅰ. ①电… Ⅱ. ①杨… Ⅲ. ①电力监控系统－网络系统－安全技术 Ⅳ. ①TM73

中国版本图书馆 CIP 数据核字（2020）第 200070 号

Dianli Jiankong Xitong Wangluo Anquan Yunwei Jishu yu Shijian
电力监控系统网络安全运维技术与实践

杨家全　冯　勇　李　踔　王　禹／编著

责任编辑／李芳芳
封面设计／吴　兵

西南交通大学出版社出版发行
（四川省成都市二环路北一段 111 号西南交通大学创新大厦 21 楼　610031）
发行部电话：028-87600564　　028-87600533
网址：http://www.xnjdcbs.com
印刷：成都勤德印务有限公司

成品尺寸　185 mm × 240 mm
印张　8.25　　字数　151 千
版次　2020 年 10 月第 1 版　　印次　2020 年 10 月第 1 次

书号　ISBN 978-7-5643-7749-6
定价　58.00 元

《电力监控系统网络安全技术系列丛书》
编委会

前言

在2018年全国网络安全和信息化工作会议上，习近平总书记提出了“没有网络安全就没有国家安全，就没有经济社会稳定运行，广大人民群众利益也难以得到保障”的重要论述，强调要强化网络安全意识、筑牢国家网络安全屏障、持续推进网络强国战略，让网络安全上升到了新的高度。随着信息技术、人工智能、互联网、电网自动化等技术的不断发展，传统工业技术发生了巨大的变革，在享受自动化、互联化、智能化带给我们便利的同时，网络安全问题日益突出。针对能源、电力、交通、制造业等重要领域的网络攻击事件频发，攻击手段呈现出低成本和高回报的新趋势，极具破坏性和杀伤力。电力系统作为关系国计民生的重要基础行业，一旦遭受攻击将对民生和经济造成重大影响。如2010年伊朗“震网”病毒的爆发，2015年黑客攻击导致乌克兰停电，2019年委内瑞拉由于网络攻击发生大面积停电等事件产生了严重的社会影响及经济损失。工业信息系统在保障对象、性能要求、安全需求、技术支持、安全问题影响范围等方面均具有其特殊性，传统互联网安全保障体系难以完全覆盖。因此，本书根据当前电力监控系统网络安全现状，以实际工作案例为基础，针对电力监控系统主机、边界防护设备、中间件和数据库等常用的网络安全运维技术开展研究。

本书第1章总体阐述了当前电力监控系统网络安全与传统网络安全的不同，以及当前网络安全运维现状，重点介绍了国内外网络安全现状、电力监控系统基本概念、电力监控系统安全防护策略、电力监控系统的日常运维现状等内容。第2章重点介绍了电力监控系统主机的运维技术及相关实践案例，包括Windows主机及Linux主机。第3章重点介绍了电力监控系统常用的一些边界防护设备的运维技术及相关实践案例，主要涉及防火墙、纵向加密认证装置、安全隔离装置（正向性）、安全隔离装置（反向型）等网络安全边界防护设备。第 4 章重点介绍了电力监控系统常用的中间件及相关运维实践案例，主要以 Tomcat 和 Weblogic 两种广泛使用的中间件软件作为案例。第 5 章重点介绍了电力监控系统数据库的运维技术及相关实践案例，包括 Mysql 数据库及 Oracle 数据库。

参加本书编写的人员都长期工作在电力监控系统网络安全的第一线，具有丰富的现场工作经验。杨家全、冯勇、李踔、王禹负责本书的整体策划、内容组织、统稿和审定及具体章节的编写，其余编写人员参加了部分章节的编写工作，其中蒋亚坤参加了第 1 章的编写工作，李孟阳参加了第 2 章的编写工作，李响参加了第 3 章的编写工作，孙暄参加了第 4 章的编写工作，夏金柱参加了第 5 章的编写工作。

由于作者水平有限，疏漏之处在所难免，恳请专家、同仁及广大读者批评指教。

作 者

2020 年 5 月

目录

第 1 章

电力监控系统网络安全概述

1.1 国内外网络安全现状

近年来，随着网络技术发展和各国网络安全政策的不断演变，网络安全形势日益严峻，已成为国际上政治、经济较量的一种重要形式，同时其针对性、持续性、隐蔽性特点显著增强，大大增加了网络安全防护难度。2013 年，“棱镜门”事件引爆了全球网络空间的连锁反应，国家之间的网络安全对抗日益公开化，网际空间的安全威胁正逐渐呈组织化、复杂化和国际化的发展趋势，国际社会对网络安全的重视程度陡然上升。特别是随着云计算、大数据、移动互联网、物联网等这些新兴 IT 技术的发展与落地，传统网络安全的边界越来越模糊，新的攻击形态层出不穷，安全威胁呈现复杂常态化趋势。

在工业控制系统网络安全方面，随着德国的“工业 4.0”、美国的“再工业化”风潮、“中国制造 2025”等国家战略的推出，以及新一代信息技术与制造技术的加速融合，工业控制系统由从原始的封闭独立走向开放，由单机走向互联，由自动化走向智能化。在工业企业获得巨大发展动能的同时，也出现了大量安全隐患。工业控制系统所面临的安全威胁是全世界面临的一个共同难题，工业设备的高危漏洞、后门、工业网络病毒、高级持续性威胁以及无线技术应用带来的风险，给工业控制系统的安全防护带来巨大挑战。工业控制系统已成为国家关键基础设施的“中枢神经”，其安全关系到国家的战略安全和社会稳定。

面对复杂的网络安全态势，我国对网络安全的重视程度也不断提升。国家在网络安全方面开展了密集部署，积极推进重要领域网络安全防护建设，网络安全已上升到国家战略高度，国家网络安全政策也随之密集出台。

- 2016 年 4 月，习近平总书记指出：“金融、能源、电力、通信、交通等领域的关键信息基础设施是经济社会运行的神经中枢，是网络安全的重中之重，也是可能遭到重点攻击的目标。”他强调：“我们必须深入研究，采取有效措施，切实做

好国家关键信息基础设施安全防护。”

- 2016 年 11 月，全国人民代表大会常务委员会发布了《中华人民共和国网络安全法》，它是保障网络安全，维护网络空间主权和国家安全、社会公共利益，保护公民、法人和其他组织的合法权益，促进经济社会信息化健康发展的国家法律。

- 2016 年 12 月，国家互联网信息办公室发布并实施了《国家网络空间安全战略》，具体阐明了中国关于网络空间发展和安全的重大立场，指导中国网络安全工作，维护国家在网络空间的主权、安全和发展利益。

- 2017 年 6 月 1 日，《中华人民共和国网络安全法》正式颁布，关键信息基础设施安全是其中重点内容，《中华人民共和国网络安全法》以法律形式明确规定了关键信息基础设施运营者应当履行网络安全等级保护制度、设置专门安全管理机构和安全管理负责人、安全防护技术措施等各方面的安全保护责任和义务。

- 2018 年 4 月 20 日，全国网络安全和信息化工作会议在北京召开。习近平总书记强调，没有网络安全就没有国家安全，就没有经济社会稳定运行，广大人民群众利益也难以得到保障。

- 2019 年 3 月，委内瑞拉大停电之后，国家指示“以防范国际最高水平的网络攻击为标尺”做好电力监控系统网络安全防护工作。

之后，为贯彻落实《中华人民共和国网络安全法》，国家又发布了一系列网络安全相关的法律法规，进一步健全了国家的网络安全法律法规政策体系。尤其是 2019 年 5 月，国家市场监督管理总局颁布的《网络安全等级保护基本要求》《网络安全等级保护测评要求》和《网络安全等级保护安全设计技术要求》三大标准，标志着我国等级保护 2.0 时代的开启。等级保护 2.0 将从两个方面影响网络安全市场容量：一是增加安全保护范围，更加全面地监管。等级保护 1.0 的监管对象只针对信息系统，而等级保护 2.0 把云计算、大数据、物联网、工业控制系统等新领域也纳入等级保护和监管的范围，增加了网络安全的使用场景，扩大了网络安全的市场范围；二是提高了测评及格线，定级管理更加严格。等级保护 2.0 在等级保护 1.0 自主定级的基础上加入了专家和主管部门评审环节，整体定级更加严格。

近年来公布的工业控制系统安全事件和 2015 年底发生的乌克兰大面积停电事件，给工业控制系统网络安全拉响了警报，这也是等级保护 2.0 把工业控制系统也纳入等级保护和监管范围的原因。随着信息化与工业化的不断融合，工控系统面临前所未有的挑战：① 对重要基础设施等工控系统攻击会越来越多；② 工业控制系统攻击会逐渐往底层发展；③ 工业控制系统对控制器的攻击会更专业；④ 普通黑客不太会造成严重破坏；⑤ 控制器的病毒木马后门会逐渐出现。

工业和信息化部于 2016 年 10 月印发了《工业控制系统信息安全防护指南》，为工业企业制定工控安全防护实施方案提供指导方向。该指南的制定，是在国内深化制造业与互联网融合发展的大背景下，国内工业控制系统信息安全问题突出的情况下，国内工控安全多个标准发布，工控安全技术蓬勃发展的环境下，基于管理、深入技术、结合业务，以新高度为工业企业提供全面的工控安全建设指导。

但从总体上看，现阶段我国的工控系统网络安全产业的规模与国外相比还有很大差距，相关国家标准还不够完善，网络安全相关的技术研究尚属起步阶段，管理制度不健全，安全防护能力和应急处理测评能力不高，亟须结合行业特性及业务流程，寻找不同的、有针对性的安全防护解决方案。在遵循国家相关法律法规的基础上，建立符合我国国情的涵盖政策、监管、标准、技术产品、服务等的工控系统安全保障体系。

1.2　电力监控系统的基本概念

电力工业是国民经济的先行基础产业，在国民经济中占有极其重要的地位。电力使用的广泛性和不可或缺性，决定了电力工业还是一种具有社会公用事业性质的行业。电力安全生产不仅关系到电力系统自身的稳定、效益和发展，而且直接影响广大电力用户的利益和安全，影响国民经济的健康发展、社会秩序的稳定和人民日常生产生活。国民经济的迅速发展、社会的不断进步和人民生活水平日益提高，不仅对电力行业提出了相应的发展要求，而且对电力安全生产也提出了更高的要求。现代工业、农业、国防、交通运输和科研，乃至现代人的生活，一刻也离不开电力的供应，而且对电力的需求和依赖正变得越来越强烈。电力工业的片刻中断，都可能造成各行各业的瘫痪，社会和人民生活秩序的混乱以及国民经济的巨大损失。即便电力系统运行频率和电压在允许的偏移范围内变动，电能质量的降低也会直接损害用户的利益。因此，电力安全生产事关国计民生，具有重要的政治意义和经济意义。

电力行业作为技术、资金密集型行业，在注重信息化建设的同时，对于网络安全工作也历来高度重视。2010 年“震网”（stuxnet）病毒的爆发，让人们再一次明白，工业控制系统已成为黑客的主要目标，随后“毒区”（duqu）和“火焰”（flame）病毒又相继出现，与“震网”共同形成“网络战”攻击群；2014 年，功能更为强大的 Havex 以不同工业领域为目标进行攻击，至 2016 年已发展到 88 个变种。伊朗核电站遭受“震网”病毒攻击事件、乌克兰电网遭受持续攻击事件和委内瑞拉大规模停

电事件都给电力行业工作者敲响了警钟。

在我国电力技术不断提升的同时，电力运营成本也逐渐增高，用户对电力系统运行管理的要求也越来越严格。为了提高供配电服务质量，促进供配电事业设计以及运行的安全性，必须建立健全的电力监控系统，因此电力监控系统应运而生。电力监控系统作为电力行业重要支撑性系统，主要指用于监视和控制电力生产及供应过程的、基于计算机及网络技术的业务系统及智能设备，以及作为基础支撑的通信及数据网络等，主要包括如下系统：

电力数据采集与监控系统、能量管理系统、变电站自动化系统（含五防系统）、换流站计算机监控系统、配电自动化系统、微机继电保护和安全自动装置、广域相量测量系统、水调自动化系统和水电梯级调度自动化系统、计量自动化系统、实时电力市场的辅助控制系统、继电保护管理信息系统、在线稳控决策系统、综合防御系统、电力设备在线监测系统、雷电定位监测系统、变电站视频及环境监控系统、线路覆冰在线监测系统、电能质量监测系统、气象及环境监测系统、电力现货市场技术支持系统、调度生产管理系统、调度大屏幕投影系统、火电厂脱硫脱硝及煤耗在线监测系统、火电厂监控系统、水电厂监控系统、梯级水电厂监控系统、核电站监控系统、光伏电站监控系统、光伏发电功率预测系统、风电场监控系统、风电功率预测系统、燃机电厂监控系统、通信设备网管系统、通信运行管控系统、自动化运行管控系统、电力监控系统网络安全态势感知系统、电力调度数据网络、综合通信数据网络和电力生产专用拨号网络等。

1.3 电力监控系统网络与传统 IT 网络的不同

电力监控系统安全涉及计算机、自动化、通信、管理、经济、行为科学等多个学科，同时拥有广泛的研究和应用背景。两化融合是信息化和工业化高层次的深度结合，是指以信息化带动工业化、以工业化促进信息化，走新型工业化道路；两化融合的核心就是信息化支撑，追求可持续发展模式。两化融合后，IT 系统的网络安全也被融入了工控系统安全中。不同于传统的生产安全（safety），工控系统网络安全（security）是要防范和抵御攻击者通过恶意行为人为制造生产事故、损害或伤亡。可以说，没有工控系统网络安全就没有工业控制系统的生产安全。只有保证了系统不遭受恶意攻击和破坏，才能有效地保证生产过程的安全。虽然工业控制网络安全问题同样是由各种恶意攻击造成的，但是工业控制网络安全问题与传统 IT 系统的网

络安全问题有着很大的区别。

从大体上看，电力监控系统网络与传统 IT 信息网络在网络边缘、体系结构和传输内容三大方面有着主要的不同。

（1）网络边缘不同：电力监控系统在地域上分布广阔，其边缘部分是智能程度不高的含传感和控制功能的远动装置，而不是 IT 系统边缘的通用计算机，两者之间在物理安全需求上差异很大。

（2）体系结构不同：电力监控系统网络的结构纵向高度集成，主站节点和终端节点之间是主从关系。传统 IT 信息网络则是扁平的对等关系，两者之间在脆弱节点分布上差异很大。

（3）传输内容不同：电力监控系统传输的是工业设备的“四遥信息”，即遥测、遥信、遥控、遥调。此外，还可以从性能要求、部件生命周期和可用性要求等多方面，进一步对二者进行对比，详细内容如表 1-1 所示。

表 1-1　电力监控系统网络与传统 IT 网络的对比

对比项	电力监控系统	传统 IT 信息系统
性能要求	实时通信 响应实践要求高 延迟和抖动都限定在一定范围 适度的吞吐量	实时性要求不高 可以忍受高时延和延迟抖动 高吞吐量
生命周期	15～20 年	3～5 年
可用性	高可用性 连续工作，如有中断必须要提前进行规划并制定时间	可以重新启动系统 可用性缺陷可以存在
风险管理	优先关注员工人身安全，其次关注整个生产过程的保护和容错，不允许暂时停机	数据的机密性和完整性是至关重要的，对容错要求不高，可以暂时停机，主要风险是延迟企业运作
系统操作	操作较复杂，修改或升级需要不同程度的专业知识	操作较简单，利用自动部署工具可较为简单的开展升级等操作
资源限制	资源受限，多数不允许使用第三方网络安全解决方案	指定足够的资源来支持增加的第三方运用程序
变更管理	变更前必须进行彻底的测试和部署增量，中断必须要提前数天/周进行详细的计划并确定时间表	通常可以自动进行软件更新，包括网络安全补丁的及时变更
通信方式	专用的协议，供应商间互不支持	有标准的通信协议

1.4 电力监控系统安全防护策略

目前，电力系统的生产运行高度依赖网络和信息技术，特高压、新能源等技术的发展使得网络安全在电力生产中的作用日益突出。在严峻的网络安全态势下，核心技术受制于人是最大的隐患，在核心芯片、基础软硬件、关键器件和系统等方面发展不足，在标准规范上缺乏话语权，导致基础网络架构受制，网络空间安全形势不容乐观。我国相关行业主管部门历来高度重视电力监控系统安全防护体系建设工作，电力行业用了近 20 年的时间，逐步建立了比较完善的电力监控系统网络安全防护体系，并陆续发布了一系列的网络安全防护规定和文件。

2002 年国家经济贸易委员会发布《电网和电厂计算机监控系统及调度数据网络安全防护规定》，2005 年国家电力监管委员会发布《电力二次系统安全防护规定》，2014 年 9 月，国家发展和改革委员会发布了《电力监控系统安全防护规定》，提出了“安全分区、网络专用、横向隔离、纵向认证”的电力监控系统安全防护总体策略，是保障电力系统的安全稳定运行而制定的法规，是电力监控系统安全防护的纲领性文件。该规定旨在通过采取必要的安全防护技术和防护设备，剥离非生产性业务，实现电力调度数据网络与其他网络的物理隔离，有效提高电力监控系统抵御黑客、病毒、恶意代码等各种形式的恶意破坏和攻击的能力。

2015 年 2 月，国家能源局发布了国能安全〔2015〕36 号文，该文正式发布了《电力监控系统安全防护总体方案》《省级以上调度中心监控系统安全防护方案》《地（县）级调度中心监控系统安全防护方案》《发电厂监控系统安全防护方案》《变电站监控系统安全防护方案》《配电监控系统安全防护方案》《电力监控系统安全防护评估规范》7 个电力系统安全规范文件，以“安全分区、网络专用、横向隔离、纵向认证”为原则，提出了省级以上调度中心、地县级调度中心、发电厂、变电站、配电等的二次系统安全防护方案，综合采用防火墙、入侵检测、主机加固、病毒防护、日志审计、统一管理等多种手段，为二次系统的安全稳定运行提供可靠环境。

此外，各大电力企业在电力监控系统安全防护体系建设过程中，始终坚持自主可控的原则，研究信息隔离与交换、纵向加密认证等多项专用安全防护技术，进而形成了多项网络安全行业技术规范和标准；针对关键产品进行自主研发，并统一组织进行严格测试，保证关键系统的安全自主可控；各电力企业相继建立了网络安全相关组织体系，建成了较为完善的网络安全管理制度，包括网络安全总体安全防护

策略、管理办法、信息通报和应急处置制度，涵盖了网络安全活动的主要方面。

目前各电力行业主要从三个方面构筑电力监控系统网络安全防线，一是在本体安全方面，重点强调的是电力监控系统本质安全，主要通过安装系统补丁、主机加固、禁用高危端口、防病毒、高强度口令等措施来进行保障；二是边界安全，重点强调的是风险范围控制，通过按照规范部署合规的边界防护设备（如防火墙、加密装置、物理隔离装置）、按最小化原则配置策略等措施来进行防护，有效控制网络威胁的传播范围；三是态势感知，重点强调实时监测及应急处置，通过边界设备日志分析、资产变化监视、流量分析等技术措施感知网络安全态势，及时开展应急处置工作。

电力行业将全面贯彻落实习近平总书记关于网络强国战略的重要论述，把握大势、抢占先机，直面问题、迎难而上，加速推动电力系统安全可控与核心技术突破，构建更加安全可控的电力行业网络安全环境。

1.5 电力监控系统日常运维现状

（1）电力监控系统工业控制主机和设备的安全配置策略不完善。

多数工业主机上未安装防病毒或白名单软件，且系统中存在大量 USB 存储设备使用记录，未通过主机外设安全管理技术手段实施访问控制，工业控制系统关键设备均未采用多因素认证方式。安全设备配置不合理，防火墙规则和路由器配置不当容易引发通信安全风险，防火墙访问控制规则配置不正确将导致未经许可的网络数据传输，如在企业网和控制网之间进行数据交换，可能导致恶意攻击或恶意代码在系统网络的传播，重要工业数据容易被窃听。

（2）系统各种业务的应用程序验证机制不完善。

多数电力工业控制设备缺乏身份验证机制，即便有，大部分也为设备供应商默认的用户名和密码，极易被破解，一般不会定期更换密码，同时应用系统的资源（如文件、数据库表等）存在被越权使用的风险。对关键设备和组件缺少冗余配置，导致应用程序对故障的检测、处理和恢复能力不足，缺少对程序界面输入内容或是注入攻击的验证，如中间件、SQL 注入攻击等，系统数据库存在泄漏的风险。

（3）管理信息大区积累大量电力敏感数据，存在泄漏或被篡改的风险。

除居民的用电数据外，个人信息也存储在电力数据库中，电力调度、检修、运维等数据极易被批量查询，从而导出个人敏感信息，缺乏对敏感字符的过滤机制，

将带来安全风险。同时电力数据通常不进行定期备份，如果发生人为误操作导致数据更改或删除，或是数据库自身出现故障、服务器宕机，数据存储安全性难以保证。

（4）操作系统存在漏洞，主机安全防护不足。

工程师站和操作员站一般是基于 Windows 平台，包括 Win2000、XP、Win7、Server2003 等，考虑到杀毒软件和系统补丁可能对控制系统的稳定运行造成影响，即便安装杀毒软件也存在病毒库过期等问题，因此通常不安装或运行杀毒软件，系统补丁在特殊情况下才进行更新或升级。同时，移动存储介质和软件运行权限管理缺失，控制系统极易感染病毒。

（5）安全策略和管理制度不完善，人员安全意识不足。

目前大多数企业尚未形成完整合理的网络安全保障制度和流程，对系统规划、设计、建设、运维、评估等阶段的网络安全需求考虑不充分，配套的事件处理流程、人员责任体制、供应链管理机制有所欠缺。同时，缺乏网络安全宣传和培训，对人员安全意识的培养不够重视，电力监控系统经常会接入各种终端设备，如安装软件、U 盘的随意使用，感染病毒、木马等的风险极大，给系统安全可靠运行埋下隐患。

（6）跨区互联风险依旧较大。

部分电力企业人员网络安全意识淡薄，工作随意性大，很容易造成控制区和非控制区设备直接用网线连接，造成严重的跨区互联事件。另外，部分企业开展网络安全工作时严重依赖厂家，允许厂家通过外网在无防护措施的情况下开展远程运维从而造成跨区互联。

以上电力监控系统网络安全工作过程中存在的诸多问题，集中体现在主机防护、边界防护设备策略不完善、中间件和数据库管理不到位等几个方面，本书后面几章将结合以上问题重点介绍主机、边界防护设备、中间件及数据库等相关运维技术，并将结合实践案例逐步展示，希望能为广大电力监控系统网络安全工程师及读者提供技术指导和工程实践帮助。

第 2 章

● ● ●

主机运维技术及实践

主机即电子计算机，由电子元器件等组装起来，能够自动地、高速地存储和加工信息的一种硬件设备。本章节描述的主机运维技术主要讲解电力监控系统主机操作系统安全运维加固，涉及主机的主要类型为 Windows 和 Linux 两种。

2.1 Windows 主机

2.1.1 身份鉴别

1. 用户身份识别

❖ 管控说明：

提供用户身份标识唯一和鉴别信息复杂度检查功能，保证应用系统中不存在重复用户身份标识，身份鉴别信息不易被冒用。

应对登录操作系统的用户进行身份识别和鉴别，否则恶意用户无须任何攻击或探测，即可控制主机。

➢ 具体要求：

（1）查看系统登录时采用哪种身份鉴别机制，是用户名/密码、KEY、CA，还是其他；

（2）密码必须符合复杂性要求→启用；

（3）密码长度最小值→8；

（4）密码最长使用期限→180 天；

（5）密码最短使用期限→1 天；

（6）强制密码历史→5 次；

（7）复位账户锁定计数器→3 分钟；

（8）账户锁定时间→5 分钟；

（9）账户锁定阈值→5 次无效登录。

✓　实践案例：

（1）按下键盘“Win+R”打开运行对话窗，然后输入“gpedit.msc”，打开本地组策略编辑器，找到计算机配置→Windows 设置→安全设置→账户策略→密码策略/账户锁定策略，如图 2-1 所示。

（2）双击所需设置策略，按照要求设置。

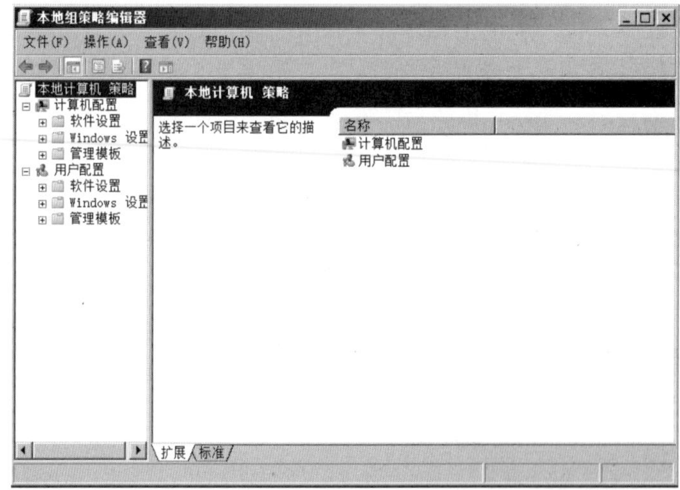

（a）

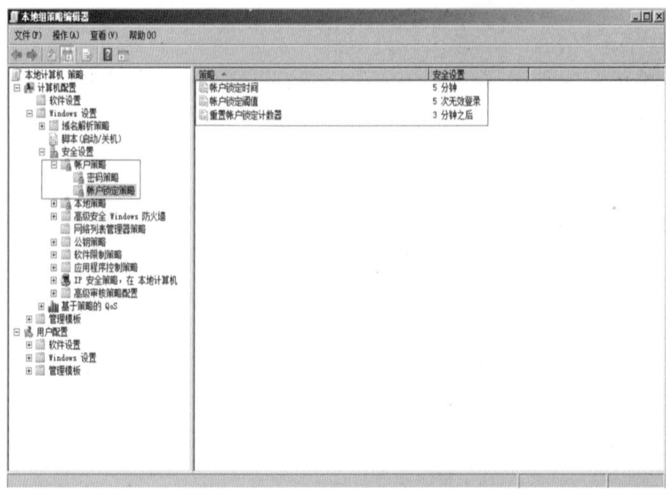

（b）

图 2-1　主机登录口令措施

2. 用户账户及用户组

❖　管控说明：

用户账户是对计算机用户身份的标识，本地用户账户、密码存在本地计算机上，只对本机有效，存储在本地安全账户数据库 SAM 中，文件路径：C:\Windows\System32\config\SAM，对应的进程：lsass.exe。通过本地用户和组，可以为用户和组分配权利和权限，从而限制用户和组执行某些操作的能力。

检查服务器操作系统账户列表，查看管理员用户名或 UID 分配是否唯一。

➢　具体要求：

（1）查看是否存在缺失账户、多余账户；

（2）查看 GUESS 账户是否禁用；

（3）查看用户所在用户组及用户组权限。

✓　实践案例：

（1）按下键盘“Win+R”打开运行对话窗，然后输入“compmgmt.msc”，打开计算机管理，找到系统工具→本地用户和组，如图 2-2 所示。

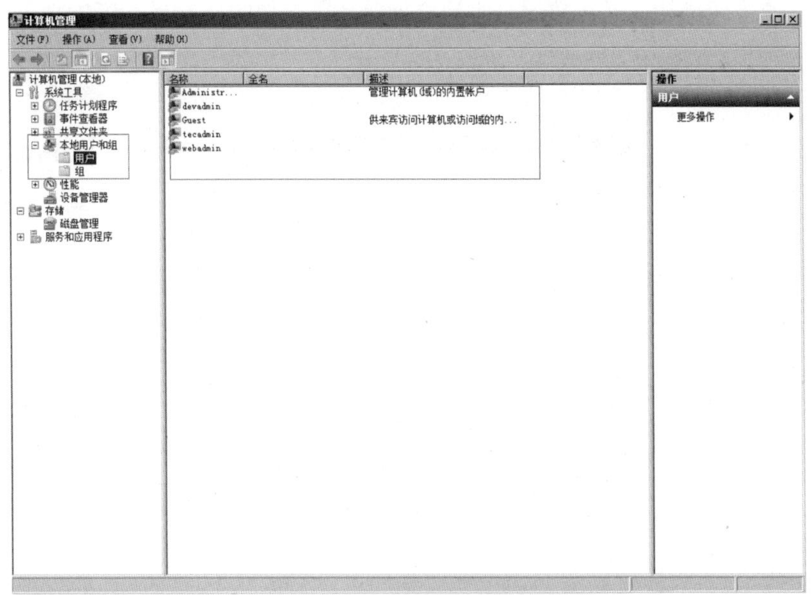

图 2-2　主机用户账户

（2）查看所显示用户是否为需要使用账户，如不需要删除账户。

（3）查看 Administrator 账户及 Guest 账户是否禁用，如已禁用则勾选账户已禁用，如图 2-3 所示。

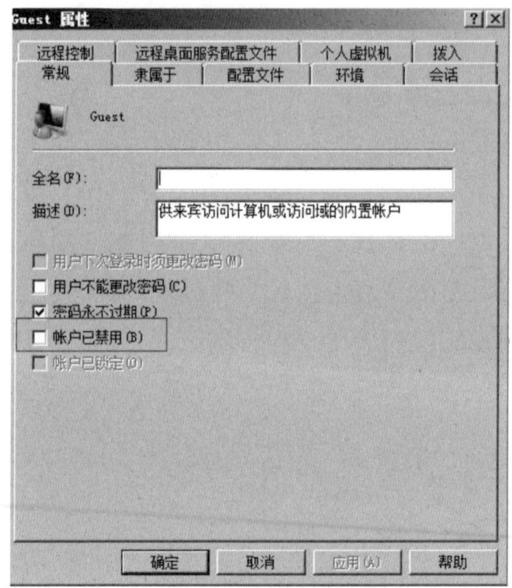

图 2-3　主机账户禁用

（4）查看是否存在多余组，如存在则删除。

（5）查看组类用户是否按照最小原则划分权限，如图 2-4（a）和 2-4（b）所示。

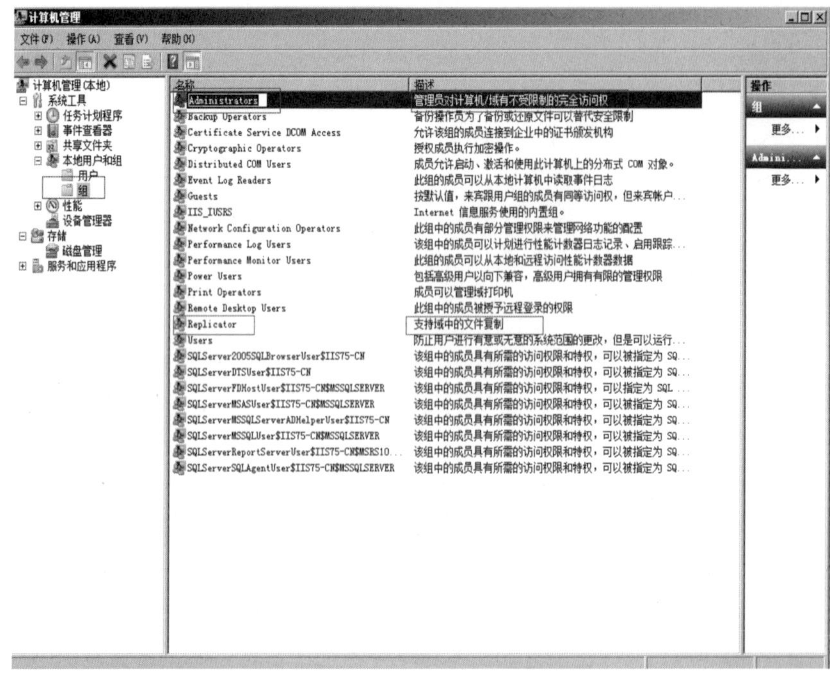

（a）

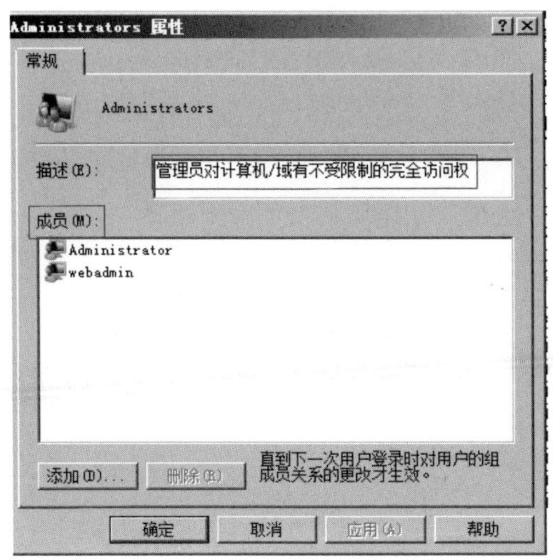

（b）

图 2-4　主机用户组及用户组权限

3. 远程控制

❖　管控说明：

远程控制是指管理人员在异地通过计算机网络异地拨号手段，连通需被控制的计算机，将被控计算机的桌面环境显示到自己的计算机上，通过本地计算机对远方计算机进行配置、软件安装程序、修改等工作。但远程控制如被其他人员破解控制，则会造成服务器被控制，并进一步破解其他设备。

主机的远程登录需通过堡垒机，通过访问控制策略限制其他设备对主机的远程登录，并禁用超级管理员账号的远程登录，只允许本地登录。

➢　具体要求：

（1）查看是否统一主机的远程登录设备为堡垒机；

（2）查看是否通过访问控制策略限制其他设备对主机的远程登录；

（3）查看是否禁用超级管理员账号（默认为 administrator）的远程登录，只允许本地登录。

✓　实践案例：

（1）查看是否对主机的远程登录地址进行限制为只允许堡垒机进行远程登录，如图 2-5 所示。

（2）查看是否禁用超级管理员账号（默认为 administrator）的远程登录，只允许本地登录。

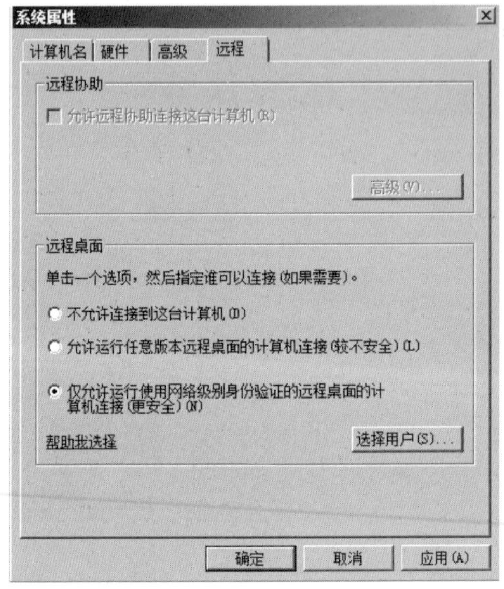

图 2-5　远程控制限制

（3）按下键盘“Win+R”运行“gpedit.msc”，找到“计算机配置→Windows 设置→安全设置→本地策略→用户权限分配→拒绝通过远程桌面服务登录”双击编辑设置，添加“administrator”用户，如图 2-6 所示。

图 2-6　禁用超级管理员远程

2.1.2　访问控制

1. 高危服务

❖　管控说明：

Microsoft Windows 服务（以前的 NT 服务）使用户能够创建在自己的 Windows 会话中可长时间运行的可执行应用程序。这些服务可以在计算机启动时自动启动，可以暂停和重新启动，而且不显示任何用户界面。这种服务非常适合在服务器上使用，或任何时候，为了不影响在同一台计算机上工作的其他用户，需要长时间运行功能时使用。还可以在不同于登录用户的特定用户账户或默认计算机账户的安全上下文中运行服务。

高危服务即攻击者可利用该服务漏洞进行攻击，影响大量服务器，检查是否关闭相应高危服务。

➢　具体要求：

查看多余服务是否已禁用：

① Alerter；

② Clipbook；

③ Computer Browser；

④ Messenger；

⑤ Remote Registry Service；

⑥ Routing and Remote Access；

⑦ Simple Mail Transfer Protocol（SMTP）（可选）；

⑧ Simple Network Management Protocol（SNMP）Service（可选）；

⑨ Simple Network Management Protocol（SNMP）Trap（可选）；

⑩ Telnet；

⑪ World Wide Web Publishing Service（可选）；

⑫ Print Spooler；

⑬ Automatic Updates；

⑭ Terminal Service。

✓　实践案例：

（1）按下键盘“Win+R”运行“compmgmt.msc”，打开计算机管理，找到服务和运用程序，查看服务，检查要求关闭服务状态，如状态为已启动则禁用，如图 2-7（a）和 2-7（b）所示。

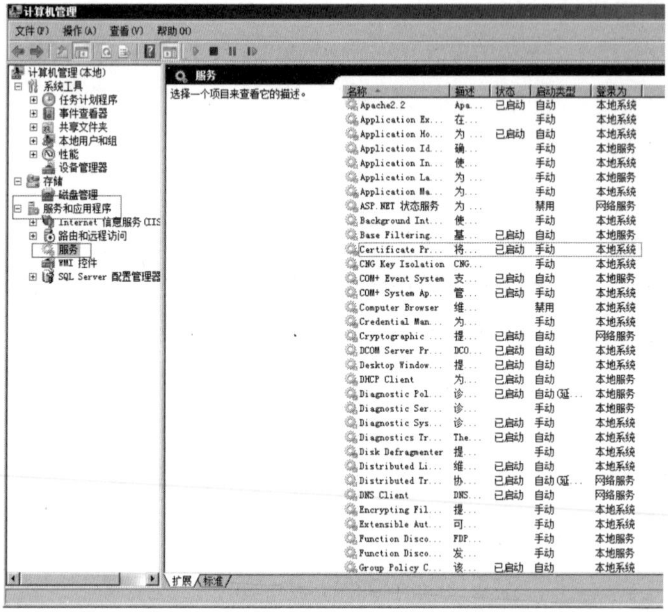

（a）

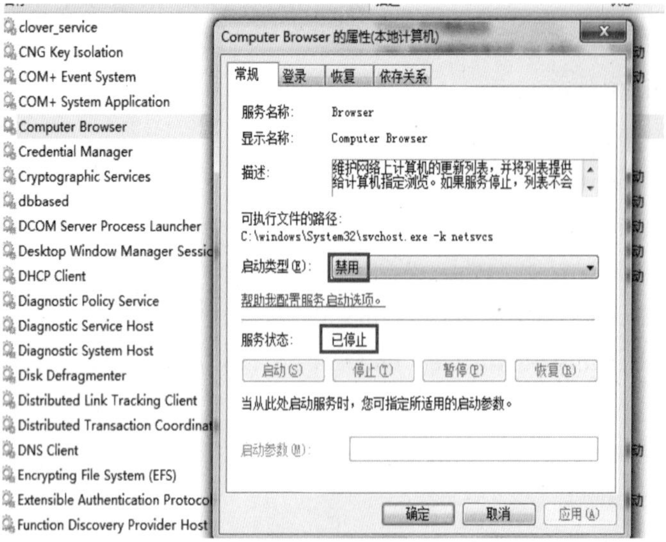

（b）

图 2-7　禁用不必要 Windows 服务

2. 高危端口

❖　管控说明：

Windows 端口可以认为是计算机与外界通讯交流的出入口。逻辑意义上的端口

一般是指 TCP/IP 协议中的端口，端口号的范围从 0 ~ 65535。

Windows 默认开启一些日常用不到的端口，这些端口让病毒或黑客有机可乘（黑客会使用工具扫描计算机上的端口，并入侵这些端口），关闭这些高危端口，可使电脑避免遭受攻击。

➢　具体要求：

关闭不必要的端口（TCP 及 UDP）：135、137、138、139、445、3389。

✓　实践案例：

（1）按下键盘“Win+R”运行“gpedit.msc”，打开本地组策略编辑器，找到“计算机配置→Windows 设置→安全设置→IP 安全策略，在本地计算机”，如图 2-8 所示。

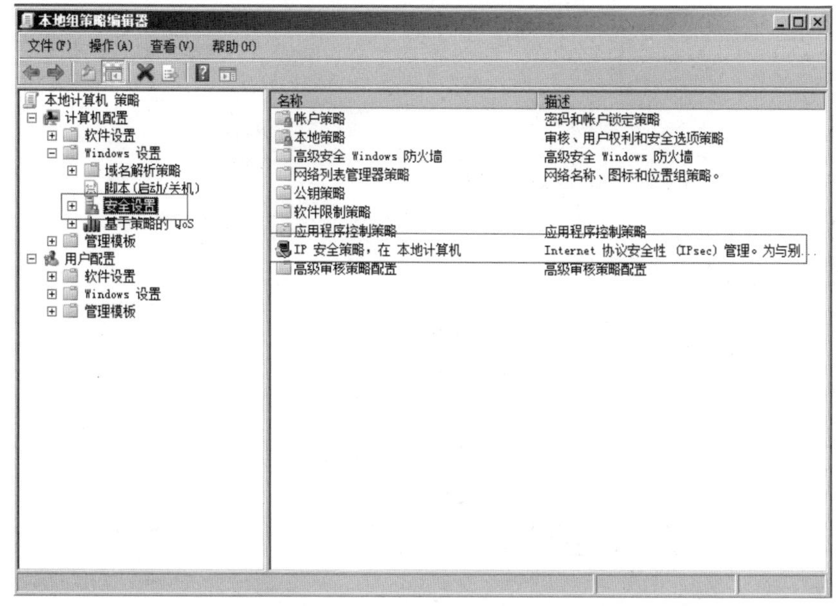

图 2-8　本机 IP 安全策略

（2）单击右键→创建 IP 安全策略→下一步（安全策略命名）→下一步（默认即可）→下一步（默认并单击完成），如图 2-9 所示。

（3）单击添加按钮→下一步（默认即可）→下一步（默认即可）→下一步（默认即可），在“IP 筛选器列表”，单击添加按钮→填写名称，如图 2-10（a）和 2-10（b）所示。

（4）单击添加按钮→下一步（默认即可）→添加描述→下一步（默认即可）→指定源目地址→指定目标地址→选择协议为 TCP→设置 IP 协议端口为从任意端口到此端口：445→下一步（默认即可）→完成→确定，如图 2-11 所示。

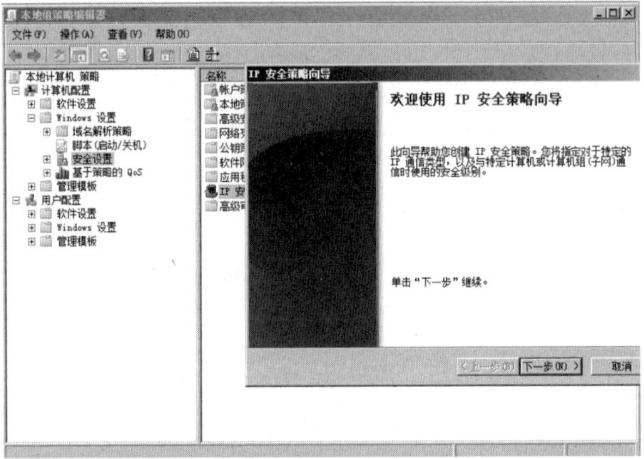

图 2-9　本机 IP 安全策略

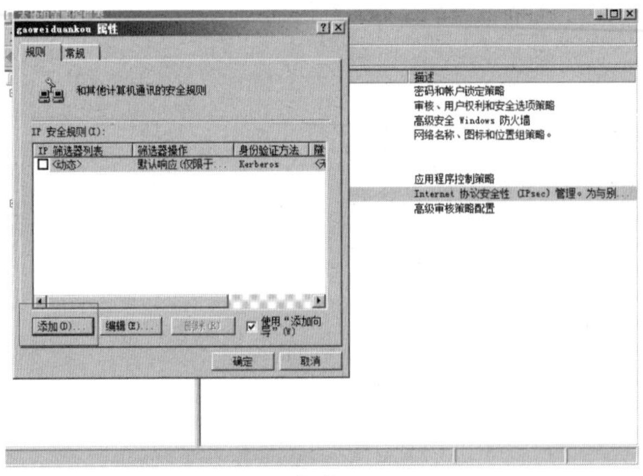

(a)

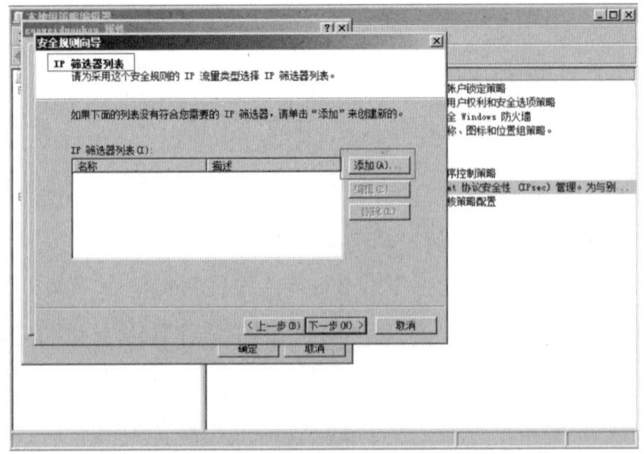

(b)

图 2-10　本机 IP 安全策略关闭端口

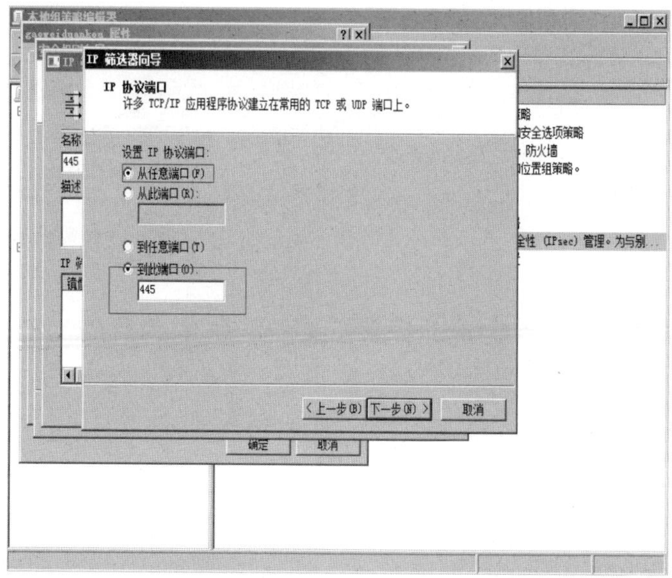

图 2-11　本机 IP 安全策略关闭端口

（5）鼠标选中刚建好的 IP 筛选器列表，下一步→单击添加按钮→下一步→填写名称→选择“阻止”→下一步→完成，如图 2-12（a）和 2-12（b）所示。

（6）选中筛选器操作→下一步→完成→确定。在新建的 IP 策略上进行鼠标右键，选择“分配”，如图 2-13（a）和 2-13（b）所示。

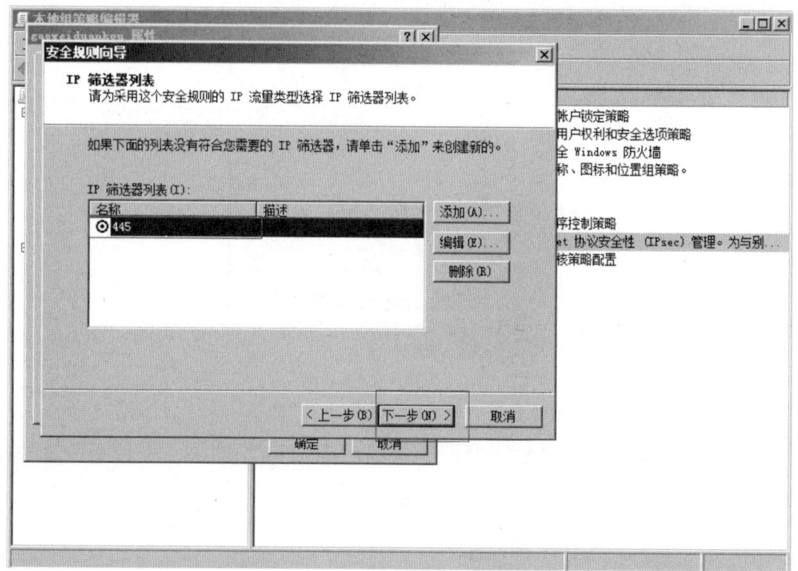

（a）

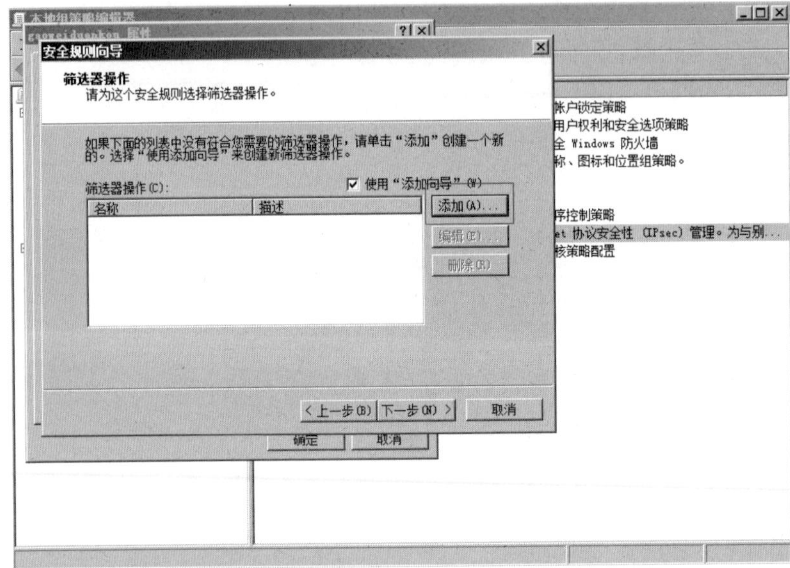

（b）

图 2-12　本机 IP 安全策略关闭端口

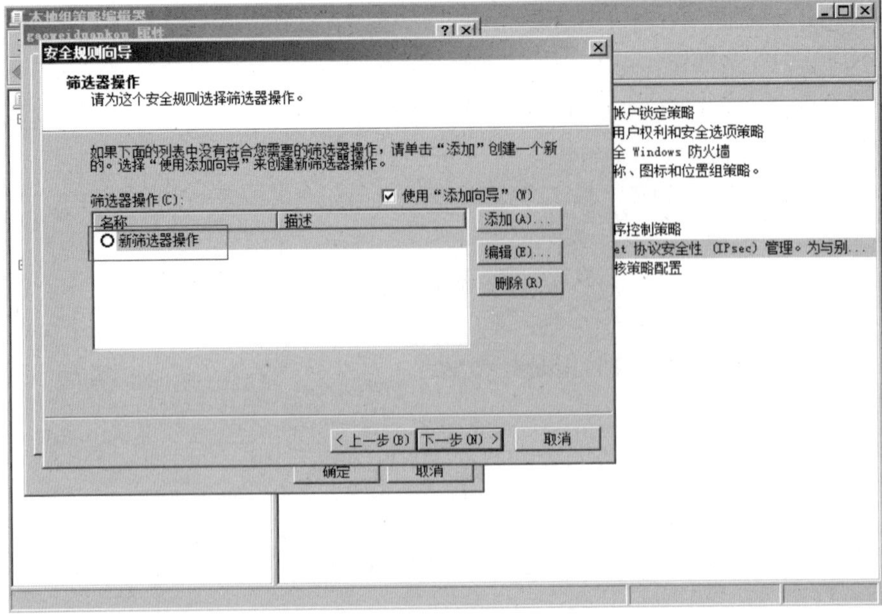

（a）

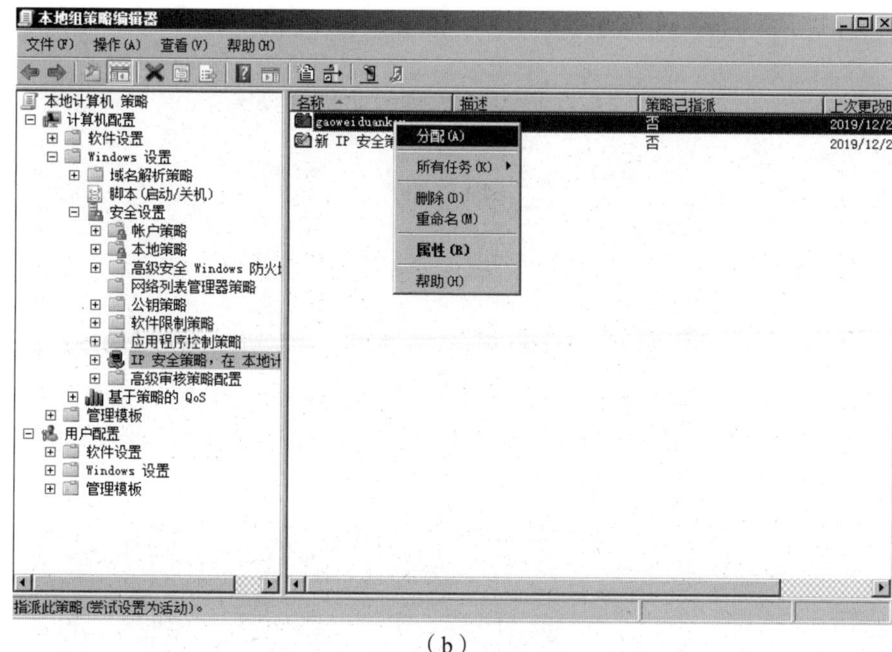

（b）

图 2-13　本机 IP 安全策略关闭端口

（7）如上述操作 IP 策略分配后及关闭 TCP 协议 445 端口，其他端口及协议操作相同。

3. 关闭默认共享

❖　管控说明：

微软的初衷是便于网管进行远程管理，这虽然方便了局域网用户，但对个人用户来说这样的设置是不安全的。通过网络，任何人都可以通过共享硬盘，随意进入你的电脑，并对电脑实现对这些默认共享的访问。

➢　具体要求：

关闭 Windows 硬盘默认共享，例如 C$、D$。

✓　实践案例：

（1）按下键盘“Win+R”运行“CMD”，输入“net share”，查看默认共享情况，如图 2-14 所示。

（2）进入“开始→运行→Regedit”，进入注册表编辑器，更改注册表键值：在 HKEY_LOCAL_MACHINE\System\CurrentControlSet\Services\LanmanServer\Parameters\ 下，增加/修改 REG_DWORD 类型的 AutoShareServer 键，值为 0，增加/修改 REG_

DWORD 类型的 AutoShareWKS 键，值为 0。如图 2-15 所示。

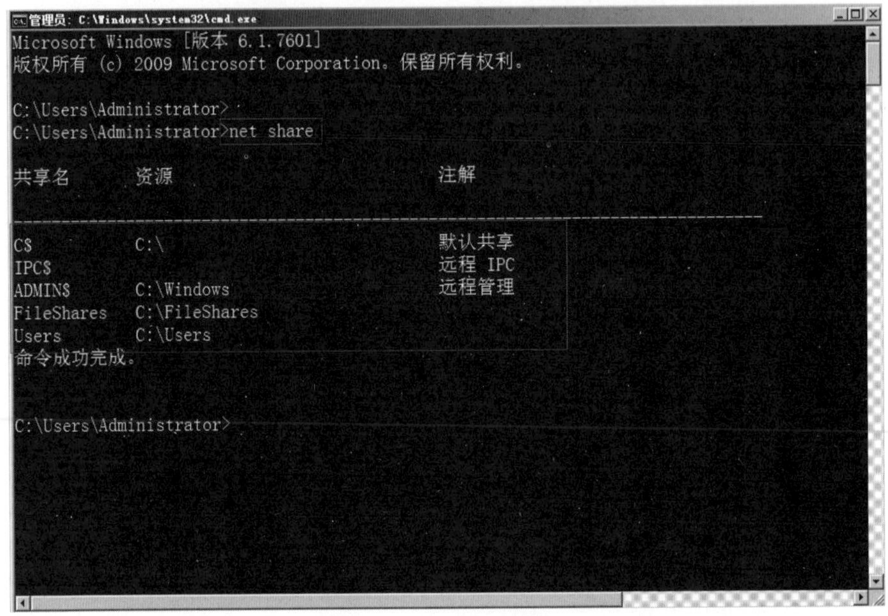

图 2-14　查看本机默认共享

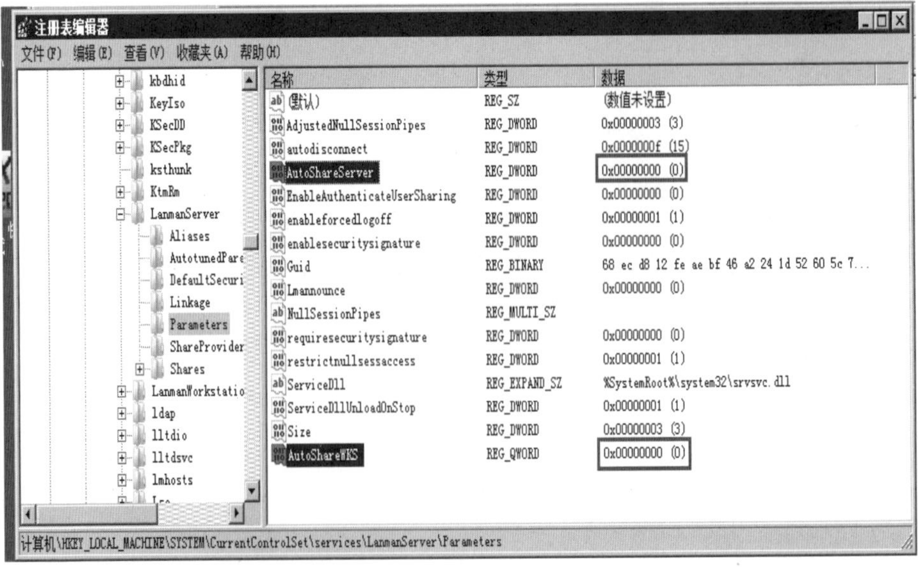

图 2-15　关闭本机默认共享

（3）通过注册表关闭默认共享，必须重启机器。

4. 关闭 Windows 自动播放

❖　管控说明：

自动播放是 Windows 给用户提供的一个方便的功能，当移动设备接入电脑时，它会对这个设备进行扫描，让用户进行选择用何种方式打开，也可以选择以后每次使用相同方式打开同类文件。

如果接入的移动设备带有病毒或木马程序，可能导致病毒或木马程序自动运行感染设备，造成损失。

➢　具体要求：

关闭 Windows 自动播放功能。

✓　实践案例：

（1）按下键盘“Win+R”，输入“gpedit.msc”，打开组策略编辑器，浏览到计算机配置→管理模板→Windows 组件→自动播放策略→关闭自动播放，启用策略，选项选择“所有驱动器”。如图 2-16 所示。

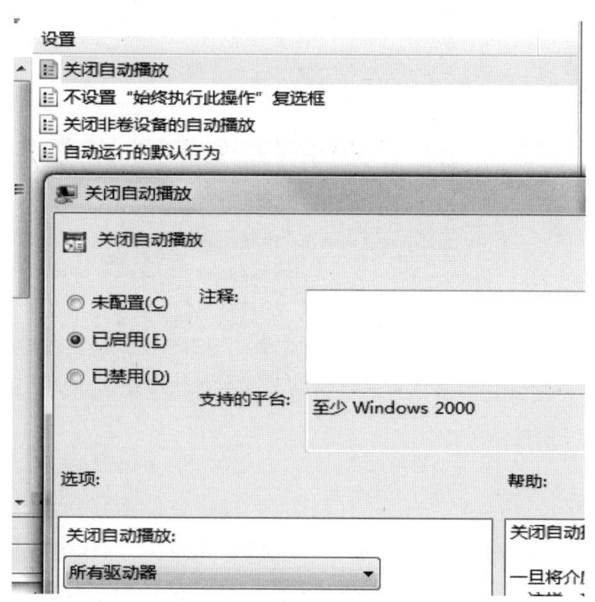

图 2-16　关闭本机自动播放

5. 禁用可远程访问的注册表路径和子路径

❖　管控说明：

注册表是 Windows 主机配置信息的数据库，其中大部分信息非常敏感。恶意用户可以使用它来促进未经授权的活动。

实际上分配给整个注册表的默认 ACL 非常严格，并且它们可以帮助防止未经授权的用户访问它，这样就可降低发生这种情况的概率。

若要允许远程访问，还必须启用远程注册表服务。

➢　具体要求：

禁用可远程访问的注册表路径和子路径。

✓　实践案例：

（1）按下键盘“Win+R”运行“gpedit.msc”，找到“计算机配置→Windows 设置→安全设置→安全选项→网络访问：可远程访问的注册表路径和子路径，将安全设置为空。如图 2-17 所示。

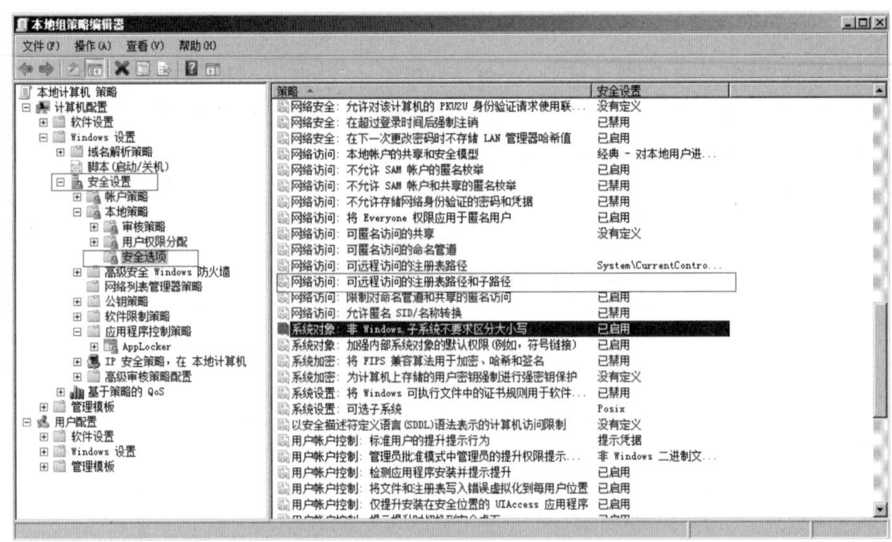

图 2-17　禁用可远程访问的注册表路径和子路径

6. 用户权限

❖　管控说明：

Windows 中，权限指的是不同账户对文件、文件夹、注册表等的访问能力。在 Windows 中，为不同的账户设置权限很重要，可以防止重要文件被其他人所修改，使系统崩溃。

（1）Administrators。

属于该 administators 本地组内的用户，都具备系统管理员的权限，它们拥有对这台计算机最大的控制权限，可以执行整台计算机的管理任务。内置的系统管理员账号 Administrator 就是本地组的成员，而且无法将它从该组删除。

（2）Backup OPerators。

在该组内的成员，不论它们是否有权访问这台计算机中的文件夹或文件，都可以通过“开始→所有程序→附件→系统工具→备份”的途径，备份与还原这些文件夹与文件。

（3）Guests。

该组是提供给没有账户，但是需要访问本地计算机内资源的用户使用，该组的成员无法永久地改变其桌面的工作环境。该组最常见的默认成员为用户账号 Guest。

（4）Network Configuration Operators。

该组内的用户可以在客户端执行一般的网络设置任务，例如更改 IP 地址，但是不可以安装/删除驱动程序与服务，也不可以执行与网络服务器设置有关的任务，例如 DNS 服务器、DHCP 服务器的设置。

（5）Power Users。

该组内的用户具备比 Users 组更多的权利，但是比 Administrators 组拥有的权利更少一些，例如，可以：创建、删除、更改本地用户账户；创建、删除、管理本地计算机内的共享文件夹与共享打印机；自定义系统设置，例如更改计算机时间、关闭计算机等。

但是不可以更改 Administrators 与 Backup Operators，无法夺取文件的所有权，无法备份与还原文件，无法安装删除与删除设备驱动程序，无法管理安全与审核日志。

（6）Remote Desktop Users。

该组的成员可以通过远程计算机登录，例如，利用终端服务器从远程计算机登录。

（7）Users。

该组员只拥有一些基本的权利，例如运行应用程序，但是它们不能修改操作系统的设置，不能更改其他用户的数据，不能关闭服务器级的计算机。

➢ 具体要求：

（1）查看是否采用最小授权原则；

（2）查看特权用户的权限是否进行分离，如可分为系统管理员、安全管理员、安全审计员等；

（3）查看是否已禁用或者限制匿名/默认账户的访问权限，是否重命名系统默认账户、修改这些账户的默认口令。

✓ 实践案例：

（1）按下键盘“Win+R”运行“gpedit.msc”，找到计算机配置→Windows 设置→安全设置→本地策略→用户权限分配中的相关项目：“从远端系统强制关机”应只有 Administrators 组。

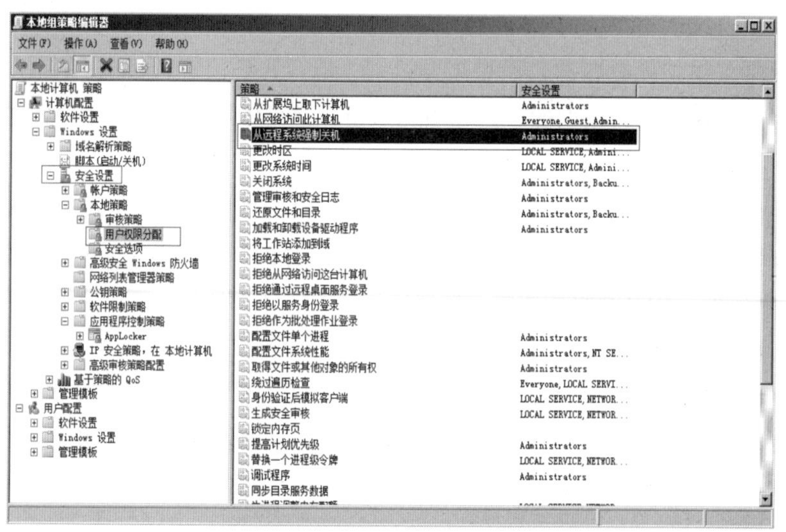

图 2-18　用户权限分配是否最小授权

（2）按下键盘“Win+R”运行“compmgmt.msc”，在计算机管理→本地用户和组→用户中检查相关项目，查看管理员默认账号名 administrator 是否重新命名，并分别使用不同用户登录测试用户权限是否分离，如图 2-19 所示。

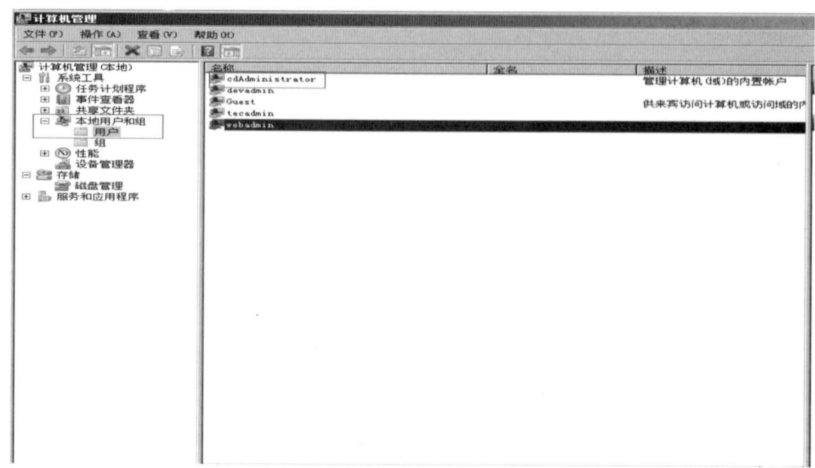

图 2-19　查看账户访问权限

2.1.3　安全审计

1. 审核策略

❖　管控说明：

审核策略指每当用户执行了指定的某些操作，审核日志就会记录一个审核项。安全审核对于任何企业系统来说都极其重要，因为只能使用审核日志来说明是否发生了违反安全的事件。如果通过其他某种方式检测到入侵，正确的审核设置所生成的审核日志将包含有关此次入侵的重要信息。

➢　具体要求：

启用本地策略中的审核策略，对成功和失败两种行为进行安全审计。

✓　实践案例：

（1）按下键盘“Win+R”运行“gpedit.msc”，打开本地组策略编辑器，找到计算机配置→Windows 设置→安全设置→本地策略→审核策略，将审核策略所包含内容全部勾选成功及失败。如图 2-20（a）和 2-20（b）所示。

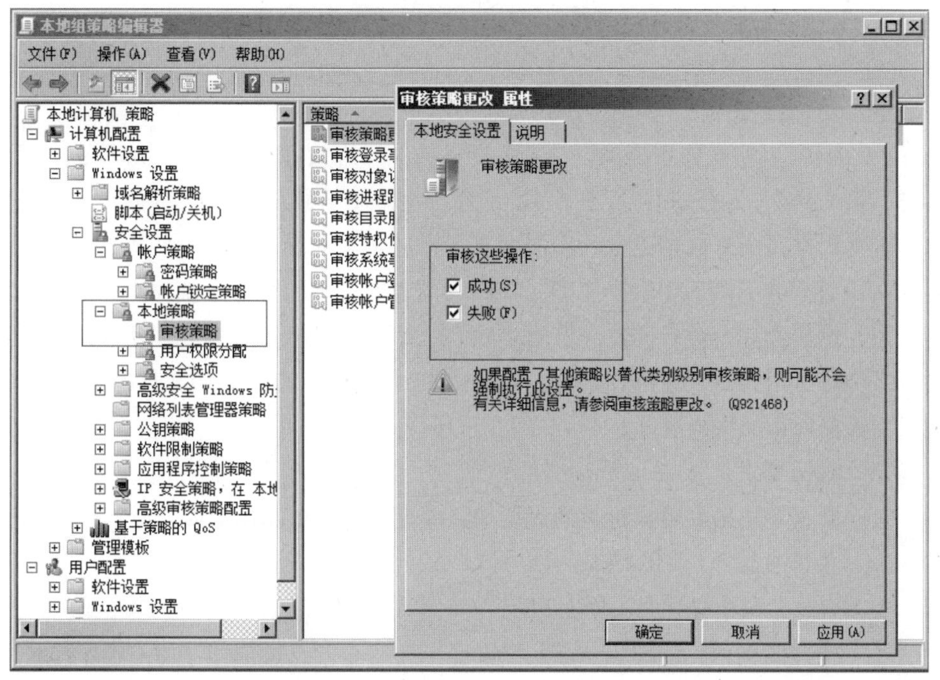

（a）

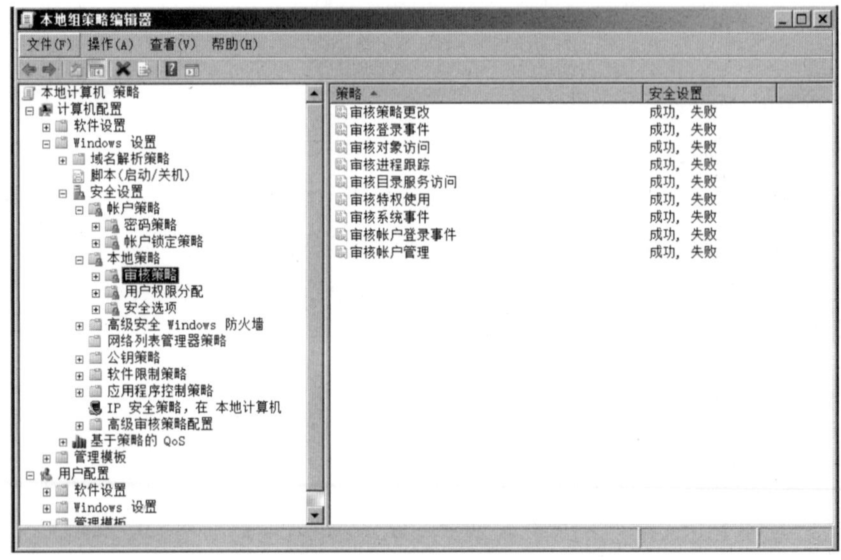

（b）

图 2-20 审核策略配置

2. 日志设施和日志信息

❖ 管控说明：

Windows 网络操作系统都设计有各种各样的日志文件，如应用程序日志、安全日志、系统日志、Scheduler 服务日志、FTP 日志、WWW 日志、DNS 服务器日志等等，这些根据系统开启的服务的不同而有所不同。在系统上进行一些操作时，这些日志文件通常会记录下用户操作的一些相关内容，这些内容对系统安全工作人员相当有用。比如说有人对系统进行了 IPC 探测，系统就会在安全日志里迅速地记下探测者探测时所用的 IP、时间、用户名等，用 FTP 探测后，就会在 FTP 日志中记下 IP、时间、探测所用的用户名等。

➢ 具体要求：

（1）检查日志最大容量是否满足要求：应用日志 50 ~ 1024 M、安全日志 50 ~ 1024 M、系统日志 50 ~ 1024 M；

（2）日志记录要求保存 6 个月以上

✓ 实践案例：

进入“控制面板→管理工具→事件查看器”，在“事件查看器（本地）→Windows 日志”中：

✧ “应用日志”属性中的日志大小设置不小于“51 200 KB”，设置当达到最

大的日志尺寸时，选择“按需要改写事件”。

✧　“系统日志”属性中的日志大小设置不小于“51 200 KB”，设置当达到最大的日志尺寸时，选择“按需要改写事件”。

✧　“安全日志”属性中的日志大小设置不小于“51 200 KB”，设置当达到最大的日志尺寸时，选择“按需要改写事件”。

日志配置如图 2-21 所示。

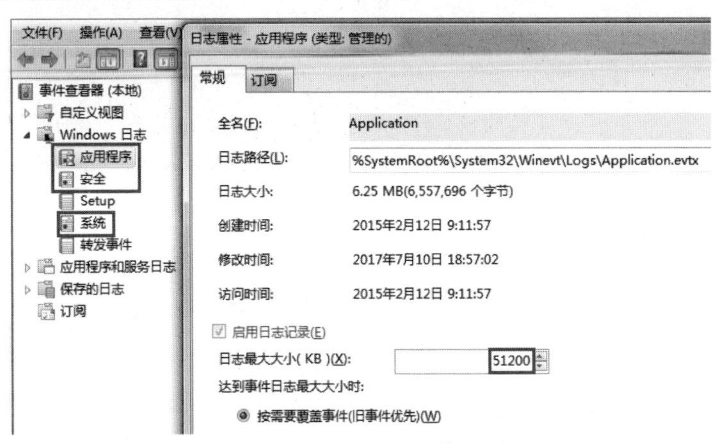

图 2-21　日志配置

2.1.4　入侵防范

1. 操作系统补丁

❖　管控说明：

系统补丁，就是通过安装相应的补丁软件，补充系统中的漏洞，把“漏水”的地方补上，杜绝同类型病毒的入侵。

当发布系统后，发现有些程序中有漏洞，能被黑客利用而攻击用户，所以发布相应的措施来对付黑客，用一些应用程序来修复漏洞，称为‘补丁程序’，安装补丁程序后，黑客就不会利用这些漏洞来攻击用户。

➢　具体要求：

查看系统补丁升级方式，是否及时更新到最新补丁和安全服务包，检查“添加和删除程序”中的补丁编号 KBxxxxxx。

✓　实践案例：

按下键盘“Win+R”运行“cmd”，打开控制台，输入“systeminfo”，查看要求补丁是否更新。如图 2-22 所示。

```
命令提示符
                [01]: Intel64 Family 6 Model 142 Stepping 10 GenuineIntel ~2000 Mhz
BIOS 版本:        HUAWEI 1.26, 2018/11/23
Windows 目录:     C:\Windows
系统目录:         C:\Windows\system32
启动设备:         \Device\HarddiskVolume2
系统区域设置:     zh-cn;中文(中国)
输入法区域设置:   zh-cn;中文(中国)
时区:             (UTC+08:00) 北京, 重庆, 香港特别行政区, 乌鲁木齐
物理内存总量:     24,460 MB
可用的物理内存:   16,320 MB
虚拟内存: 最大值: 28,044 MB
虚拟内存: 可用:   19,262 MB
虚拟内存: 使用中: 8,782 MB
页面文件位置:     C:\pagefile.sys
域:               WORKGROUP
登录服务器:       \\DESKTOP-S1FNVI8
修补程序:         安装了 12 个修补程序。
                  [01]: KB4533002
                  [02]: KB4497727
                  [03]: KB4498523
                  [04]: KB4503308
                  [05]: KB4506933
                  [06]: KB4508433
                  [07]: KB4509096
                  [08]: KB4515383
                  [09]: KB4516115
                  [10]: KB4521863
                  [11]: KB4524569
                  [12]: KB4530684
网卡:             安装了 4 个 NIC。
```

图 2-22　查看补丁

2. 恶意代码防范

❖　管控说明：

恶意代码是指故意编制或设置的、对网络或系统会产生威胁或潜在威胁的计算机代码。最常见的恶意代码有计算机病毒（简称病毒）、特洛伊木马（简称木马）、计算机蠕虫（简称蠕虫）、后门、逻辑炸弹等，通过恶意代码传播。

➢　具体要求：

（1）检查主要服务器的恶意代码防范策略，查看是否安装了实时检测与查杀恶意代码的软件产品，并且及时更新了软件版本和恶意代码库。

（2）检查主机防恶意代码软件或硬件，查看其厂家名称、产品版本号和恶意代码库名称等，查看其是否与网络防恶意代码软件有不同的恶意代码库。

✓　实践案例：

部署恶意代码防护软件或系统。

2.2　Linux 主机

2.2.1　身份鉴别

1. 用户身份识别

❖　管控说明：

提供用户身份标识唯一和鉴别信息复杂度检查功能，保证应用系统中不存在重

复用户身份标识，身份鉴别信息不易被冒用。

应对登录操作系统的用户进行身份识别和鉴别，否则恶意用户无须任何攻击或探测，即可控制主机。

➢　具体要求：

（1）查看是否存在特权账户；

（2）查看系统管理员是否设置密码并且以密码进行验证登录；检查/etc/passwd和/etc/shadow 文件是否存在空密码；

（3）删除多余账户；

（4）禁止开机自动登录。

✓　实践案例：

（1）在 Linux 系统命令输入“awk -F: '$3==0 {print $1}' /etc/passwd”，检查是否存在特权账户，如图 2-23（a）所示。

（2）在 Linux 系统命令输入“cat /etc/shadow”，查看是否存在空口令账户，如图 2-23（b）所示。

```
root@localhost:~
文件(F) 编辑(E) 查看(V) 搜索(S) 终端(T) 帮助(H)
[root@localhost ~]# awk -F: '$3==0 {print $1}' /etc/passwd
root
[root@localhost ~]#
```

（a）

```
root@localhost:~
文件(F) 编辑(E) 查看(V) 搜索(S) 终端(T) 帮助(H)
[root@localhost ~]# cat /etc/shadow
root:$6$NC5mPsxXRSeaIP01$eVlzghLdFTb3Zed4i4bZFRKIFFekJthVF4U0mW.M.AExzK2rE5QDal
GhiRhglQpEmk.ybdW0EgIeRZtHFBtr0::0:99999:7:::
bin:*:17110:0:99999:7:::
daemon:*:17110:0:99999:7:::
adm:*:17110:0:99999:7:::
lp:*:17110:0:99999:7:::
sync:*:17110:0:99999:7:::
shutdown:*:17110:0:99999:7:::
halt:*:17110:0:99999:7:::
mail:*:17110:0:99999:7:::
operator:*:17110:0:99999:7:::
games:*:17110:0:99999:7:::
ftp:*:17110:0:99999:7:::
nobody:*:17110:0:99999:7:::
systemd-bus-proxy:!!:18141::::::
systemd-network:!!:18141::::::
dbus:!!:18141::::::
polkitd:!!:18141::::::
abrt:!!:18141::::::
unbound:!!:18141::::::
tss:!!:18141::::::
libstoragemgmt:!!:18141::::::
rpc:!!:18141:0:99999:7:::
```

（b）

图 2-23　Linux 查看特权账户及空口令

（3）在/etc/passwd 中用户的密码是被保护的状态，即使用了*号来隐藏。而实际的密码内容是加密后保存在/etc/shadow 文件中了。若要确认是否存在空口令的用户，就应该确认该文件中密码对应字段的长度是否为 0，如果为 0 则证明该用户密码为空。【root:】后面的即为加密后的密码内容。

（4）在 Linux 系统命令输入“cat /etc/passwd”，查看账户信息，使用“userdel XX”删除多余账户，“XX”为账户名。

（5）检查修改/etc/gdm/custom.conf 文件，检查[daemon]、[security]选项下有没有以下配置：

① [daemon]选项；

② AutomaticLoginEnable=true；

③ AutomaticLogin=root；

④ TimedLoginEnable=true；

⑤ [security]选项；

⑥ AllowRoot=true。

没有以上配置表明已经禁用用户开机自动登录。如果有，修改/etc/gdm/custom.conf 文件，删除自动登录的配置。如图 2-24 所示。

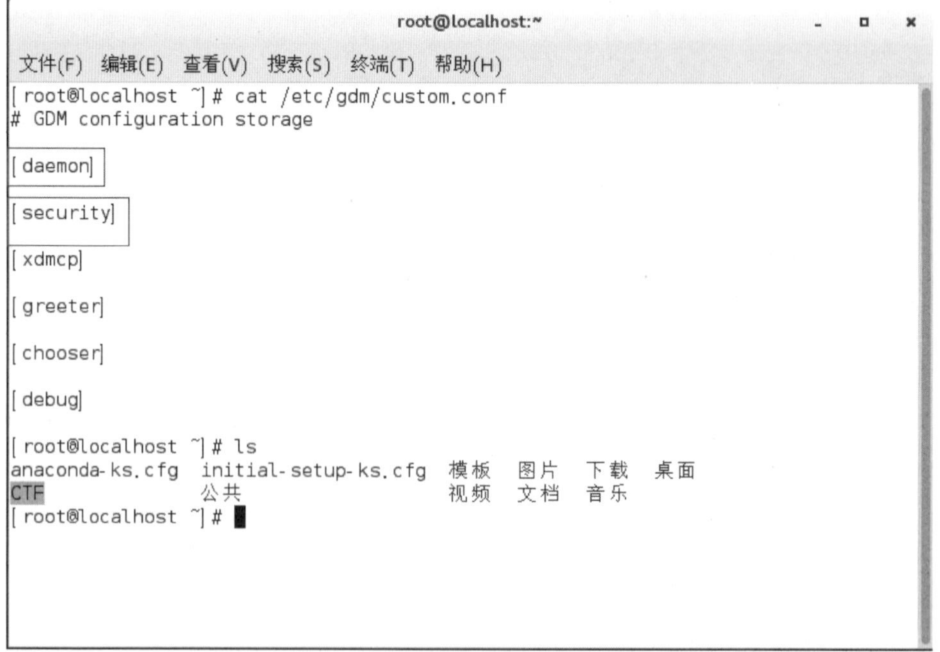

图 2-24　Linux 查看开机自动登录

2. 用户口令

❖　管控说明：

口令攻击是黑客最喜欢采用的入侵网络的方法。黑客通过获取系统管理员或其他用户的口令，获得系统的管理权，窃取系统信息、磁盘中的文件甚至对系统进行破坏。

➢　具体要求：

（1）建议设置口令复杂度，具体参数如下：

✧　PASS_MAX_DAYS 180；

✧　PASS_MIN_DAYS 1；

✧　PASS_WARN_AGE 28；

✧　PASS_MIN_LEN 8。

（2）在/etc/pam.d/system-auth 文件中配置密码复杂度：在 pam_cracklib.so 后面配置参数 password requisite pam_cracklib.so retry=3 difok=3 minlen=8 ucredit=-2 lcredit=-1 dcredit=-4 ocredit=-1。

（3）打开/etc/shadow 文件，查看各个用户的第四字段（口令最短修改时间 PASS_MIN_DAYS 1）是否为 1，第五字段（口令最长修改时间 PASS_MAX_DAYS 180）是否为 180。若存在，则代表口令策略已作用于该用户；若不存在，则用使用口令策略作用于相应用户。

✓　实践案例：

（1）在 Linux 系统命令输入“cat /etc/login.defs|grep PASS”，查看现有口令复杂度，如图 2-25 所示。

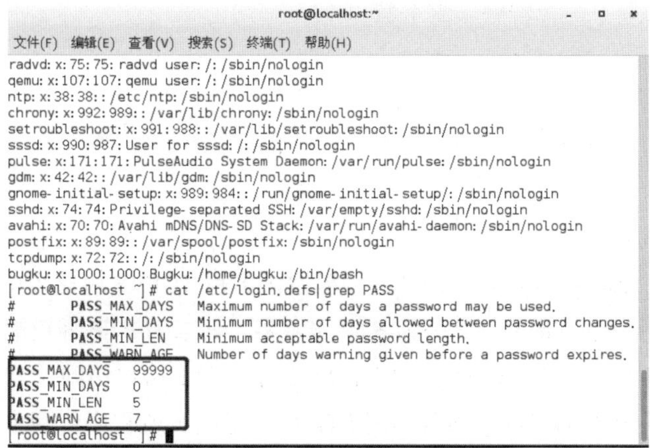

图 2-25　Linux 查看口令复杂度

（2）使用命令“vi /etc/login.defs”修改配置文件，按“i”键进入编辑模式，编辑以下项目，如图 2-26 所示。

```
root@localhost:~
文件(F) 编辑(E) 查看(V) 搜索(S) 终端(T) 帮助(H)
# /etc/pam.d/system-auth for more information.
#

# *REQUIRED*
#   Directory where mailboxes reside, _or_ name of file, relative to the
#   home directory.  If you _do_ define both, MAIL_DIR takes precedence.
#   QMAIL_DIR is for Qmail
#
#QMAIL_DIR      Maildir
MAIL_DIR        /var/spool/mail
#MAIL_FILE      .mail

# Password aging controls:
#
#       PASS_MAX_DAYS   Maximum number of days a password may be used.
#       PASS_MIN_DAYS   Minimum number of days allowed between password changes.
#       PASS_MIN_LEN    Minimum acceptable password length.
#       PASS_WARN_AGE   Number of days warning given before a password expires.
#
PASS_MAX_DAYS   90
PASS_MIN_DAYS   
PASS_MIN_LEN    5
PASS_WARN_AGE   7
```

图 2-26　Linux 查看口令复杂修改

（3）使用命令“vi /etc/pam.d/system-auth”修改配置文件。

✧ retry=5 尝试次数 5 次；

✧ minlen=8 密码长度 8 位；

✧ ucredit=-1 包含大写字母个数 1 个；

✧ lcredit=-1 包含小写字母个数 1 个；

✧ dcredit=-1 包含数字个数 1 个；

✧ ocredit=-1 包含特殊字符个数 1 个。

2.2.2　访问控制

1. FTP 匿名远程连接

❖ 管控说明：

FTP（File Transfer Protocol，文件传输协议）是 TCP/IP 协议组中的协议之一。FTP 协议包括两个组成部分，其一为 FTP 服务器，其二为 FTP 客户端。其中 FTP 服务器用来存储文件，用户可以使用 FTP 客户端通过 FTP 协议访问位于 FTP 服务器上的资源。在开发网站的时候，通常利用 FTP 协议把网页或程序传到 Web 服务器上。此外，由于 FTP 传输效率非常高，在网络上传输大的文件时，一般也采用该协议。

而开启 FTP 匿名远程连接，攻击者无须认证即可上传或下载该服务器资源，造成破坏。

➢　具体要求：

检查/etc/vsftpd/vsftpd.conf 文件，anonymous_enable=no 表明已经禁用匿名远程连接。

✓　实践案例：

使用命令“cat /etc/vsftpd/vsftpd.conf”查看 anonymous_enable 状态，若没有禁用匿名远程连接时，修改/etc/vsftpd/vsftpd.conf 文件，重启生效。如图 2-27 所示。

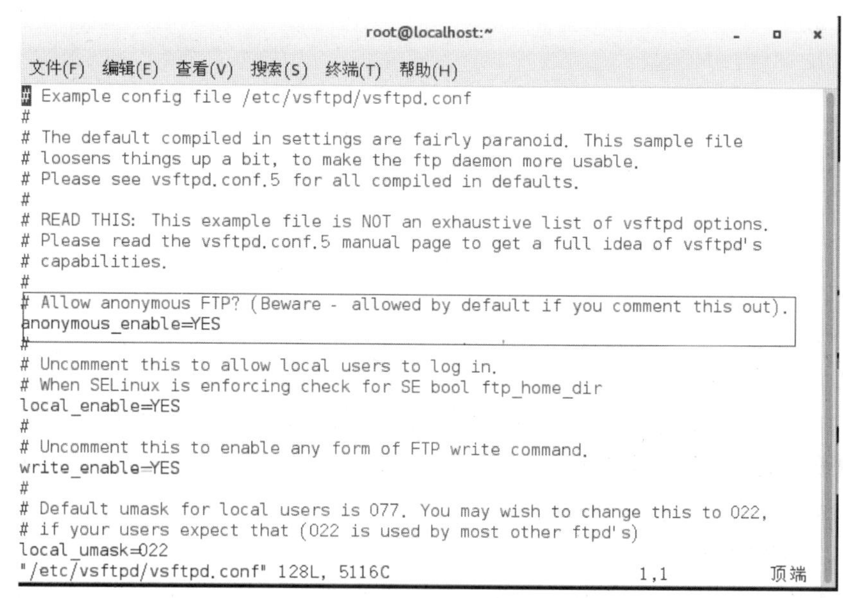

图 2-27　Linux 禁止 FTP 匿名登录

2. 禁用 TELNET

❖　管控说明：

Telnet 协议是 TCP/IP 协议族中的一员，是 Internet 远程登录服务的标准协议和主要方式。它为用户提供了在本地计算机上完成远程主机工作的能力。在终端使用者的电脑上使用 telnet 程序，通过它连接到服务器。终端使用者可以在 telnet 程序中输入命令，这些命令会在服务器上运行，就像直接在服务器的控制台上输入一样。可以在本地就能控制服务器。

Telnet 传输为明文传输，过程中容易被抓包及破解。

➢　具体要求：

关闭服务器 Telnet 远程连接方式。

✓ 实践案例：

（1）方法一：使用命令“chkconfig telnet off”关闭。如图 2-28 所示。

（2）方法二：使用命令“vi /etc/xinetd.d/telnet”，将“disable=no”改成“disable=yes”关闭，重启生效。

图 2-28 Linux 禁止 Telnet 远程连接

3. 登录失败处理

❖ 管控说明：

如果有人恶意尝试破解用户的服务器密码，设置登录失败处理后，尝试密码错误超过设定的次数后，就会锁定该账户多长时间（自行设定），时间过后即可自行解锁，这样可以增加攻击者的成本。

➢ 具体要求：

（1）输入命令“ls /lib64/security/”查看是否有 pam_tally.so 或者 pam_tally2.so 模块；

（2）输入命令“more /etc/pam.d/system-auth”检查是否存在 auth required pam_tally.so onerr=fail deny=5 unlock_time=180 或者 auth required pam_tally2.so onerr=fail deny=5 unlock_time=180。

✓ 实践案例：

（1）使用命令“ls /lib64/security/”查看是否有 pam_tally.so 或者 pam_tally2.so 模块，使用命令“vi /etc/pam.d/system-auth”修改配置文件，设置为连续输错 5 次，密码账号锁定 3 分钟。

① pam_tally.so 模块配置：

auth required pam_env.so

auth required pam_tally.so onerr=fail deny=5 unlock_time=180

② pam_tally2.so 模块配置：

auth required pam_env.so

auth required pam_tally2.so onerr=fail deny=5 unlock_time=180

（2）部分新版 Linux 已提供 pam_tally2.so 模块来提供登录失败处理，如图 2-29 所示。有些旧版使用 pam_tally.so 模块，在修改前，务必先确定模块，配置时对应模块配置。

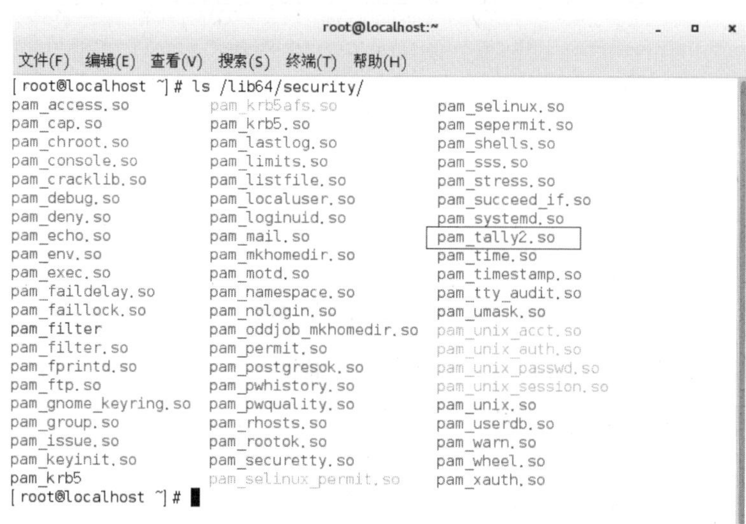

图 2-29　Linux 登录失败处理

4. 设置访问控制禁用不必要的系统服务

❖　管控说明：

Linux 系统默认安装后，系统安装大量默认服务，部分服务存在安全弱点，会给主机系统产生风险，为对系统服务进行有效管理，管理员应根据需求对默认服务进行优化，一方面提高系统安全性，另一方面优化系统资源使用。

➢　具体要求：

（1）重要文件的访问权限进行控制如 umask 权限应为 022，敏感文件 /etc/passwd、/etc/group、/etc/shadow、/etc/crontab 应设置为 644。

（2）关闭多余服务 telnet、sendmail、klogin、kshell、ntalk、tftp（禁用）imap、pop3、GUI、ftp、X windows、nfs、nfslock、autofs、ypbindypserv、yppasswdd、portmap、smb、netfs、lpd、apache、httpd、tux、snmpd、named、postgresql、Mysqld、webmin、

kudzu、squid、cups、ip6tables、iptables、pcmcia、bluetooth、NSResponder、apmd、avahi-daemon、canna、cups-config-daemon、FreeWnn、gpm、hidd（可选）。

✓ 实践案例：

（1）使用命令 ls -l 查看权限，对不符合的内容编辑修改，如图 2-30 所示。

```
root@localhost:~
文件(F) 编辑(E) 查看(V) 搜索(S) 终端(T) 帮助(H)
[root@localhost ~]# ls -l
总用量 12
-rw-------. 1 root root 1591 9月   2 19:40 anaconda-ks.cfg
drwxrwxrwx. 7 root root 4096 9月   2 13:28 CTF
-rw-r--r--. 1 root root 1619 9月   2 19:42 initial-setup-ks.cfg
-rw-r--r--. 1 root root    0 12月 27 13:34 test1
drwxr-xr-x. 2 root root    6 9月   2 11:53 公共
drwxr-xr-x. 2 root root    6 9月   2 11:53 模板
drwxr-xr-x. 2 root root    6 9月   2 11:53 视频
drwxr-xr-x. 2 root root   32 9月   3 15:37 图片
drwxr-xr-x. 2 root root    6 9月   2 11:53 文档
drwxr-xr-x. 2 root root    6 9月   2 11:53 下载
drwxr-xr-x. 2 root root    6 9月   2 11:53 音乐
drwxr-xr-x. 3 root root   66 9月   3 15:43 桌面
[root@localhost ~]#
```

图 2-30 Linux 权限查看

（2）使用命令“chkconfig-list”查看开启服务，对要求禁止的服务关闭，使用 service 服务名 stop 停止相关服务，如图 2-31 所示。

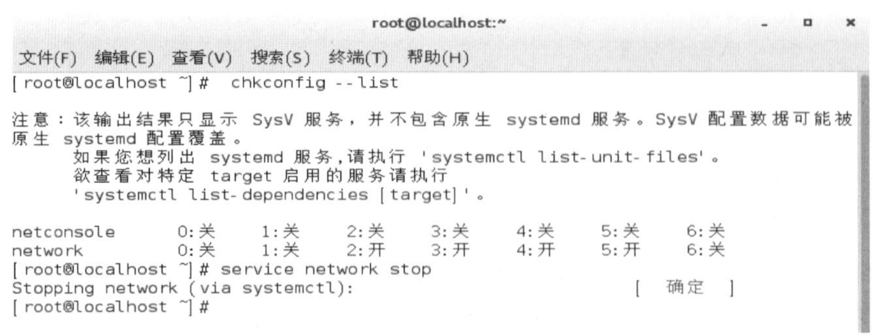

图 2-31 Linux 查看服务及关闭

2.2.3 安全审计

❖ 管控说明：

安全审计（security audit）是指根据一定的安全策略，通过记录和分析历史操作事件及数据，发现能够改进系统性能和系统安全的地方。它的目的是为保证网络系统安全运行，保护数据的保密性、完整性及可用性不受损坏，防止有意或无意的人

为错误，防范和发现计算机网络犯罪活动，除采取其他安全措施外，利用审计机制可以有针对性地对网络运行的状况和过程进行记录、跟踪和审查，以从中发现安全问题。

➢　具体要求：

（1）检查 active 状态是否开启；

（2）检查系统日记是否开启；

（3）查看/etc/syslog.conf，检查是否设置了下列项：

kern.warning；*.err；authpriv.none\t@loghost；

*.info；mail.none；authpriv.none；cron.none\t@loghost；

*.emerg\t@loghost；

local7.*\t@loghost。

（4）设置审计日志文件大小。

✓　实践案例：

（1）使用 service rsyslog status 检查 active（running），service auditd status 检查 active （running），若审计进程未运行，则进行配置，如图 2-32 所示。

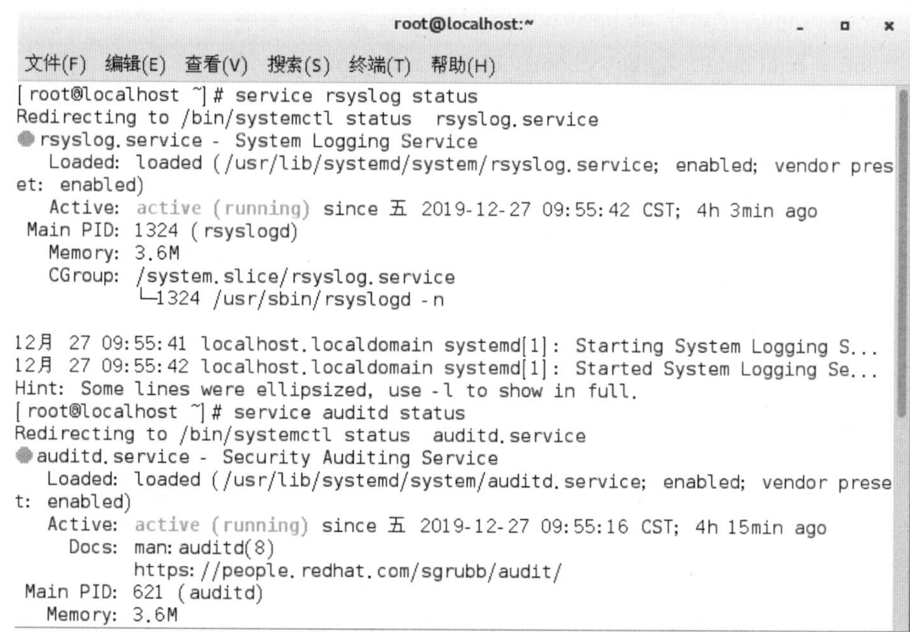

图 2-32　Linux 查看审计进程

（2）使用 ps -aux|grep syslog 查看系统日志是否开启，如图 2-33 所示。

```
root@localhost:~
文件(F)  编辑(E)  查看(V)  搜索(S)  终端(T)  帮助(H)
     Docs: man:auditd(8)
           https://people.redhat.com/sgrubb/audit/
 Main PID: 621 (auditd)
   Memory: 3.6M
   CGroup: /system.slice/auditd.service
           ├─621 /sbin/auditd -n
           ├─638 /sbin/audispd
           └─663 /usr/sbin/sedispatch

12月 27 09:55:15 localhost.localdomain systemd[1]: Starting Security Auditin...
12月 27 09:55:16 localhost.localdomain augenrules[622]: /sbin/augenrules: No...
12月 27 09:55:16 localhost.localdomain systemd[1]: Started Security Auditing...
12月 27 09:55:17 localhost.localdomain auditd[621]: Started dispatcher: /sbi...
12月 27 09:55:17 localhost.localdomain audispd[638]: priority_boost_parser c...
12月 27 09:55:17 localhost.localdomain audispd[638]: max_restarts_parser cal...
12月 27 09:55:17 localhost.localdomain auditd[621]: Init complete, auditd 2....
12月 27 09:55:18 localhost.localdomain audispd[638]: audispd initialized wit...
Hint: Some lines were ellipsized, use -l to show in full.
[root@localhost ~]# ps -aux|grep syslog
root       1324  0.0  0.1 285312  6520 ?        Ssl  09:55   0:00 /usr/sbin/rsys
logd -n
root      10411  0.0  0.0 112668   972 pts/0    S+   14:12   0:00 grep --color=a
uto syslog
[root@localhost ~]# 
```

图 2-33　Linux 查看日志是否开启

（3）使用名 Cat /etc/syslog.conf，查看是否设置了下列项：

kern.warning；*.err；authpriv.none\t@loghost；

*.info；mail.none；authpriv.none；cron.none\t@loghost；

*.emerg\t@loghost；

local7.*\t@loghost。

（4）配置 audit 日志，audit 日志文件自动保存在/var/log/audit/目录中。

每个 log 文件超过 50 M 时进行轮换，保持最后 4 个 log，可以通过/etc/audit/auditd.conf 进行配置，修改如下选项：

num_logs = 4　　　　#个数；

max_log_file = 50　　#大小（MB）。

第 3 章

边界防护设备运维技术及实践

3.1 防火墙

防火墙是设置在被保护网络和外部网络之间的一道屏障，以实现网络的安全保护，防止外部攻击者的恶意探测入侵和攻击。防火墙本身具有较强的抗攻击能力，它是提供网络安全服务、实现网络和信息安全的基础设施。

防火墙能提高内部网络的整体安全性，其主要功能如下：

（1）对出入网络的访问行为进行管理和控制。

防火墙是在内部网络和外部网络之间设置的安全系统，可以提供接入控制，干预两个网络之间任何消息的传送。根据防火墙的结构，它可以决定是放行还是禁止内部网络某个主机和外部网络之间的数据传输。

防火墙可以在网络层实施访问控制，从外部网络进入的访问请求只能访问防火墙开放的某些端口和服务；防火墙还可以通过对应用层协议的分析，实现应用层的访问控制。

（2）防止 IP 地址欺骗。

防火墙可以用于防止 IP 地址欺骗，尤其是外部网络的攻击者假冒内部主机地址来欺骗内部网络的主机。通过对网络数据包的包头数据和源地址的识别，可以有效识别内部网络数据包和外部网络数据包，防止 IP 地址欺骗的发生。

（3）过滤出入网络的数据，强化安全策略。

防火墙可以提高内部网络的安全性，并通过过滤不安全的服务而降低风险。如防火墙可以禁止一些已知的不安全网络服务，从而避免外部攻击者利用这些服务的漏洞来攻击内部网络。同时防火墙可以保护网络不接受某些不完整的网络数据报，避免某些基于路由的攻击，如 IP 选项中的源路由攻击和 ICMP 重定向中的重定向攻击。

（4）对网络存取和访问进行监控审计。

防火墙能记录所有的内、外网之间的访问事件，并生成日志记录，同时也能提

供网络使用情况的统计数据。它非常适用于收集系统及网络的使用和误用信息。当发生可疑动作时，防火墙能报警，并提供网络是否受到攻击的详细信息，为网络行为的分析和安全事件的追查提供依据。

（5）防止内部网络信息泄漏。

防火墙可以屏蔽内部网络结构细节，隐藏内部网络主机的 IP 地址，防止外部攻击者探测内部网络结构和内部网络主机的操作系统、应用程序以及开放端口等信息。同时，利用防火墙对内部网络的划分，可以实现内部重点网段的隔离，从而限制局部重点或敏感网络安全问题对全局网络造成影响。

下面以天融信防火墙的基本实操配置为例来阐述防火墙的具体运维技术。

3.1.1 访问控制

1. 端口级访问控制

❖ 管控说明：

（1）在网络边界部署访问控制设备，启用访问控制功能。

（2）提供端口级访问控制，只允许用户访问被明确授权使用的网络和网络服务。

➢ 具体要求：

（1）边界网络设备应采取一定技术手段防止内部网络信息外泄。

（2）边界网络设备应根据会话状态信息对数据流进行控制，控制粒度应为端口级。

✓ 实践案例：

（1）测试边界网络设备，可通过试图访问未授权的资源，验证访问控制措施对未授权的访问行为的控制是否有效，控制粒度是否为端口级。

（2）选择防火墙→访问控制，查看访问控制策略状态是否为启用。查看是否只允许授权的 IP 地址、协议、端口通过，对于没有明确允许的数据量默认禁止。如图 3-1 所示。

（3）选择防火墙→地址转换，根据实际业务需求配置 NAT 转换策略。配置 NAT 转换策略的目的主要是为了隐藏企业内部服务器的 IP 地址,以达到保护服务器的目标。如图 3-2 所示。

2. 信息内容过滤

❖ 管控说明：

对进出网络的信息内容进行过滤，实现对应用层 HTTP、FTP、TELNET、SMTP、POP3 等协议命令级的控制。

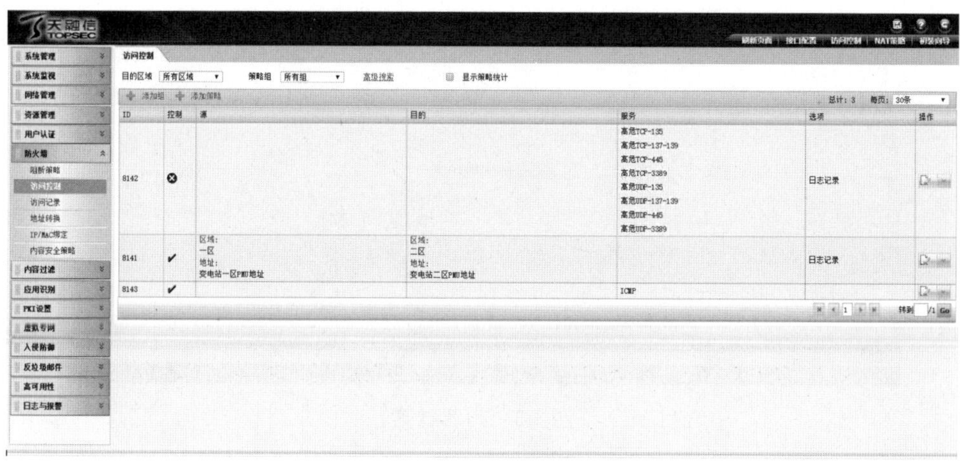

图 3-1　访问控制策略

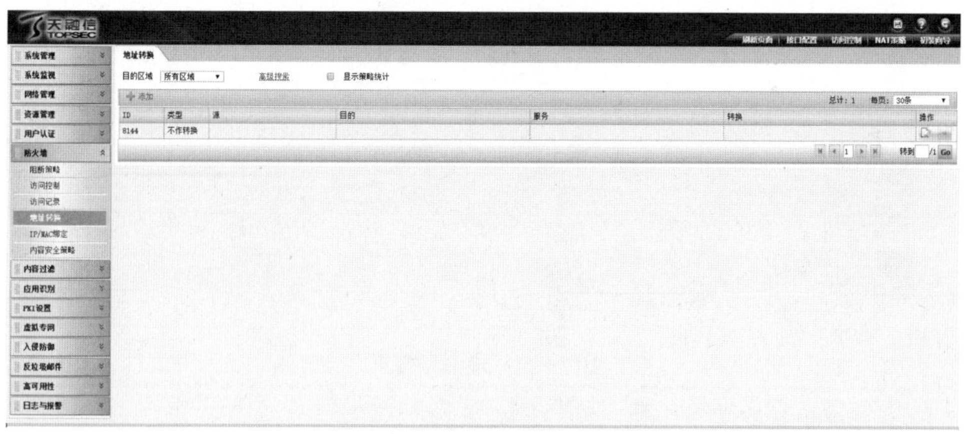

图 3-2　地址转换措施

➢　具体要求：

能实现对进出网络的信息内容的过滤功能，实现对应用层 HTTP、FTP、TELNET、SMTP、POP3 等协议命令级的控制。

✓　实践案例：

检查边界网络设备，查看其是否对进出网络的信息内容进行过滤，实现对应用层 HTTP、FTP、TELNET、SMTP、POP3 等协议命令级的控制。

（1）选择内容过滤，查看是否存在 HTTP、FTP、SMTP、POP3、IMAP、TELNET、RSH、DNS 等过滤策略。如图 3-3 所示。

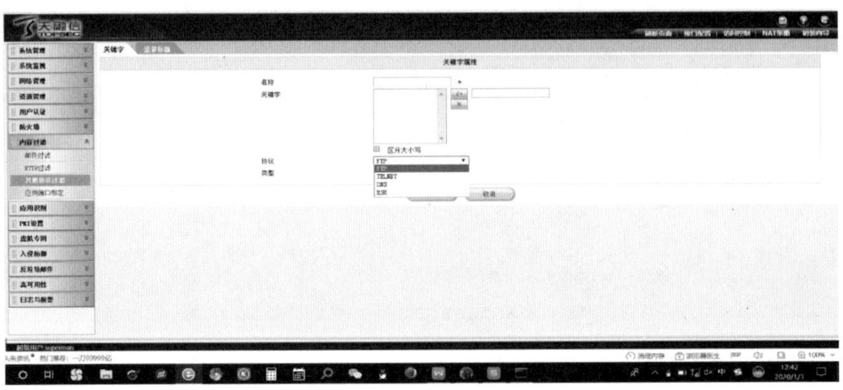

图 3-3　内容过滤

（2）选择内容过滤→应用端口绑定，查看应用端口绑定情况。如图 3-4 所示。

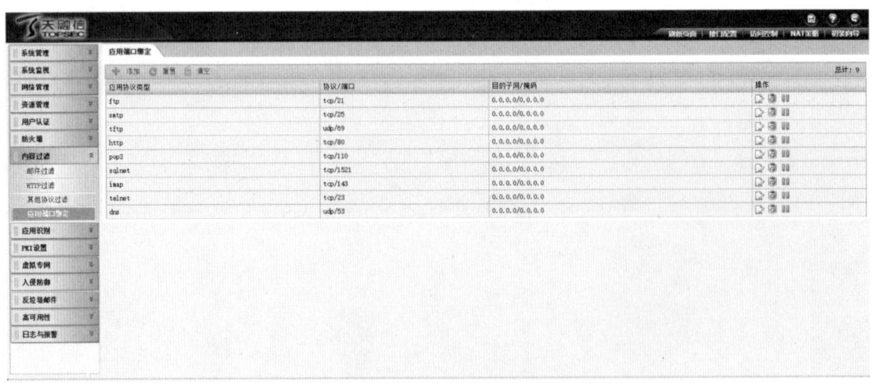

图 3-4　应用端口绑定

3. 会话超时时间配置

❖　管控说明：

配置会话超时时间，在会话处于非活跃一定时间或会话结束后终止网络连接。

➢　具体要求：

建议配置会话超时时间，在会话处于非活跃一定时间或会话结束后终止网络连接，保证特殊情况下管理员离开控制台后可以不被非管理员用户进行操作。

✓　实践案例：

检查边界网络设备，查看是否有会话处于非活跃的时间，或会话结束后自动终止网络连接的配置。

（1）选择系统管理→配置→系统参数→高级属性，查看超时时间是否合理。如图 3-5 所示。

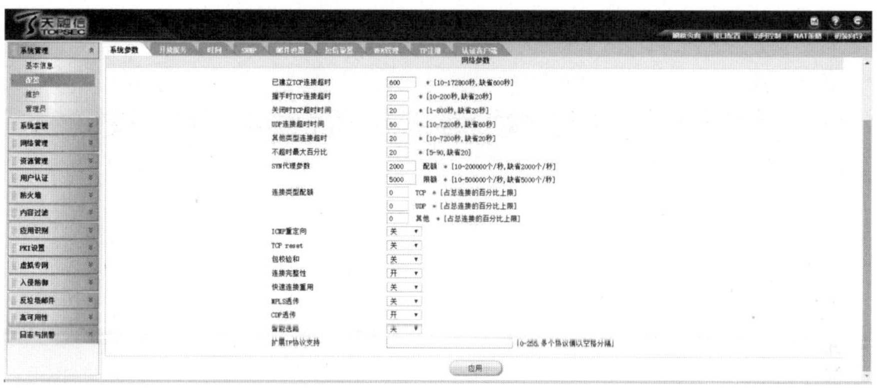

图 3-5　超时时间配置

4. 限制网络最大流量数及网络连接数

❖　管控说明：

限制网络最大流量数及网络连接数。

➢　具体要求：

限制网络最大流量数及网络连接数，保证设备正常运行，正常用户正常访问，防止 DOS 或者 DDOS 等网络攻击对业务造成影响。

✓　实践案例：

查看是否设置网络最大流量数及网络连接数。

（1）选择网络管理→流量管理→带宽控制，检查是否配置了针对物理接口、聚合端口、GRE 虚接口、IPSec 虚接口和 SV 虚接口等物理/逻辑接口的带宽策略。选择其中一个接口，查看限制带宽策略和相应的 QOS 策略是否限制最大流量（TCP\UDP\ICMP\FTP\SMTP\HTTP 等）。如图 3-6 所示。

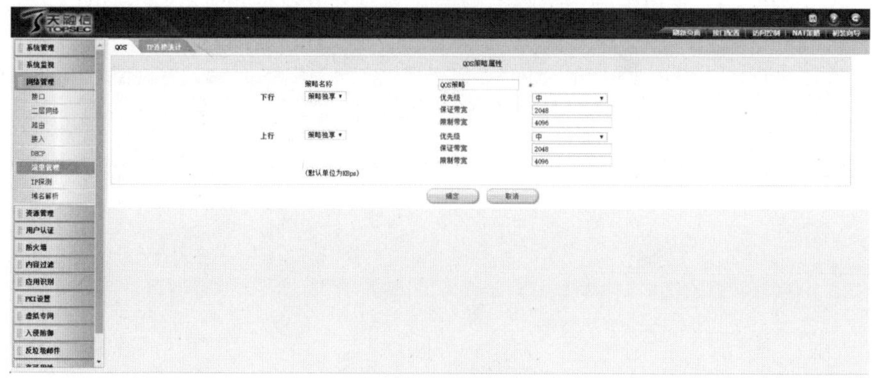

图 3-6　带宽策略

（2）选择入侵防御→主机限制，查看是否限制并发连接数和并发半连接数。如图 3-7 所示。

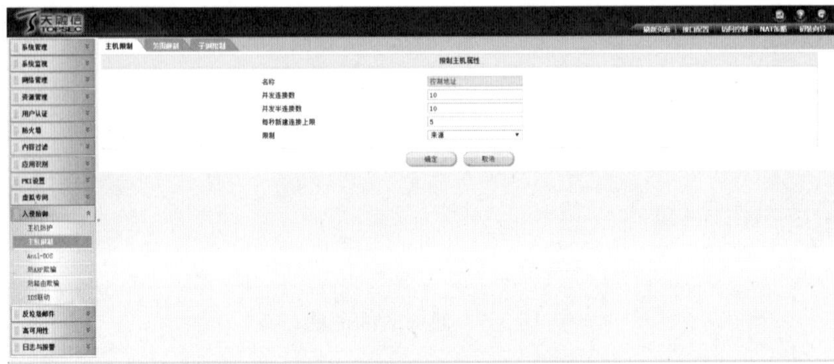

图 3-7　并发连接数设置

（3）选择入侵防御→主机限制→范围限制，查看是否限制并发连接数。如图 3-8 所示。

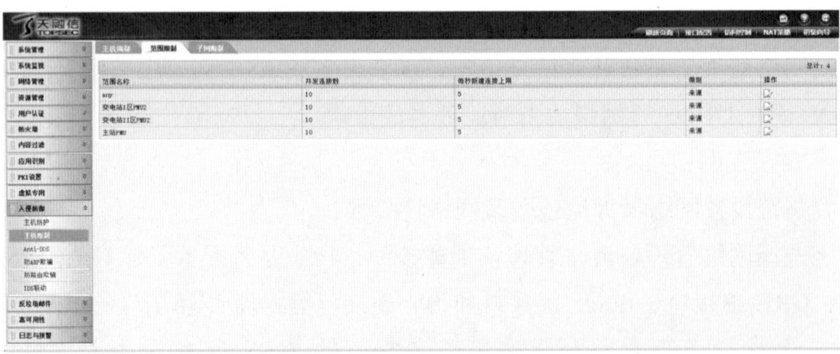

图 3-8　入侵防御范围限制

（4）入侵防御→主机限制→子网限制，查看是否限制并发连接数。如图 3-9 所示。

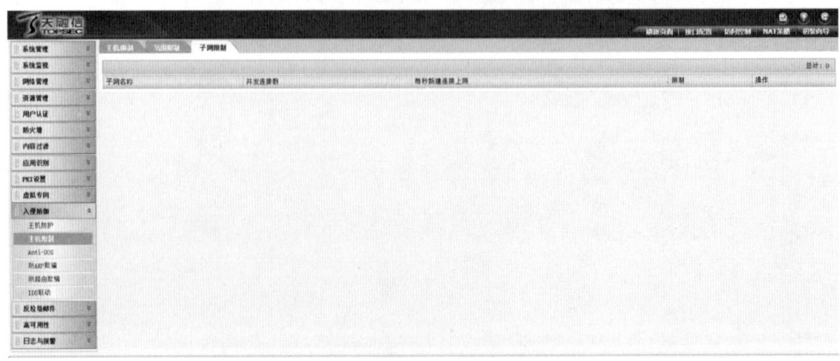

图 3-9　入侵防御子网限制

5. 防止地址欺骗

❖　管控说明：

重要网段应采取技术手段如 IP/MAC 地址绑定防止地址欺骗。

➢　具体要求：

做双向 IP/MAC 地址绑定，采取技术手段防止地址欺骗，保护网络设备和主机将不受 ARP 欺骗、ARP 毒药攻击等网络攻击。

✓　实践案例：

检查边界和主要网络设备，查看重要网段是否采取了网络地址与数据链路地址绑定的措施。

（1）选择防火墙→IP/MAC 地址绑定，查看绑定列表是否已经绑定策略。如图 3-10 所示。

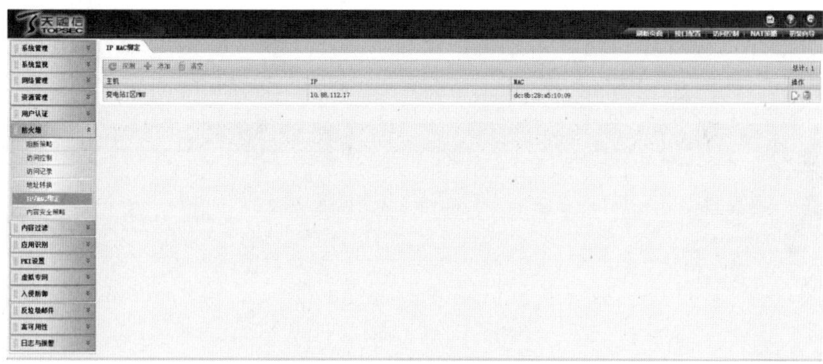

图 3-10　IP/MAC 地址绑定

6. 用户访问权限控制

❖　管控说明：

使用 ACL 或者 VPN 等访问控制技术限制用户访问系统资源，以拨号或 VPN 等方式接入网络的，应采用两种或两种以上的认证方式，并对用户访问权限进行严格限制。

➢　具体要求：

使用 ACL 或者 VPN 等访问控制技术在用户和系统之间的允许访问规则，决定允许或拒绝用户对受控系统进行资源访问，控制粒度为单个用户，保证授权用户访问受控服务器资源。

✓　实践案例：

测试边界网络设备，可用过试图访问未授权的资源，验证访问控制措施对未授权的访问行为的控制是否有效。

（1）选择系统管理→配置→开放服务，查看“用户”存在的控制区域和服务器名。如图 3-11 所示。

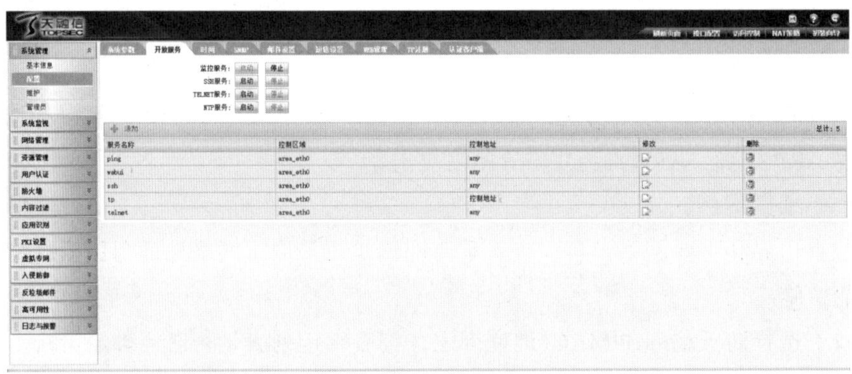

图 3-11　“用户”存在的控制区域和服务器名

（2）选择资源管理→地址→主机，查看“用户”和实际地址的对应关系，是否为单个用户。如图 3-12 所示。

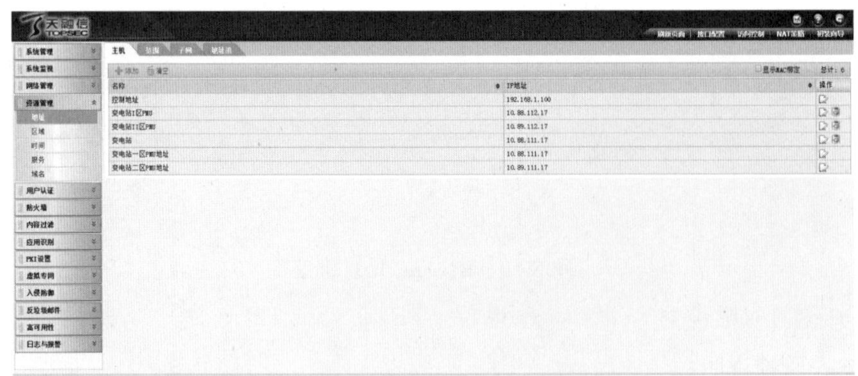

图 3-12　“用户”和实际地址的对应关系

3.1.2　安全审计

❖　管控说明：

（1）对网络系统中的网络设备开启日志审计功能，或通过第三方审计系统进行日志审计，日志范围应包括网络设备运行状况、网络流量、用户行为等。

（2）审计记录应包括：事件的日期和时间、用户、事件类型、事件是否成功及其他与审计相关的信息。

➢　具体要求：

（1）开启网络设备安全审计功能或通过第三方审计设备统一管理。

（2）对网络系统中的网络设备运行状况、网络流量、用户行为等进行日志记录。

（3）针对重要策略开启信息流日志，将日志转发至 SYSLOG 服务器。

（4）日志保存至少 6 个月。

（5）设置日志功能或者使用第三方审计工具或者设备，审计记录应包括：事件的日期和时间、用户、事件类型、事件成功情况、数据包发生的时间、数据包的协议类型、源地址、目标地址、源端口和目标端口等。

✓　实践案例：

建议对网络设备运行状况、网络流量、用户行为进行完善的日志记录，保证用户、设备发生的异常、错误、非法等事件可进行精确追踪、排查。

（1）应检查安全设备的审计功能模块，是否能够对运行状况、网络流量、用户行为等进行审计记录。如图 3-13 所示。

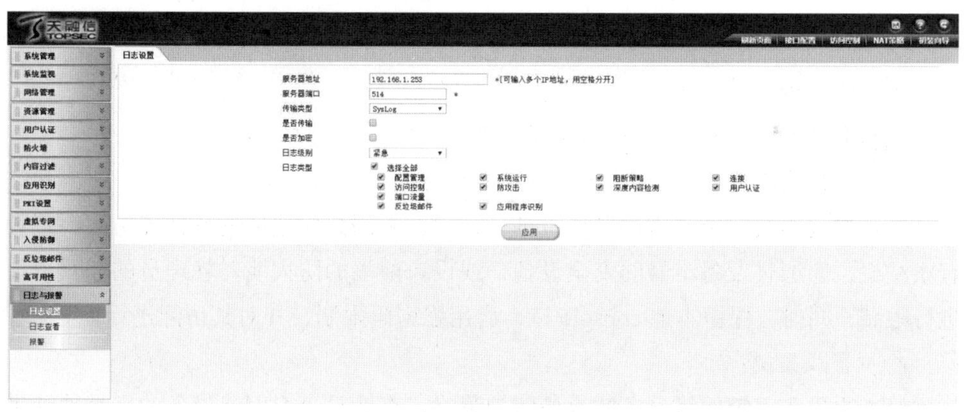

图 3-13　防火墙日志设置

（2）应检查安全设备是否配置了日志服务器，登录日志服务器（TA-L），选择管理策略→日志收集源，查看是否有该防火墙的 IP。

3.1.3　网络设备防护

1. 身份鉴别

❖　管控说明：

对所有登录网络设备的用户进行身份鉴别。

➢　具体要求：

对登录网络设备的用户进行身份鉴别，保证用户行为被审计，确保设备是授权使用。

✓ 实践案例：

检查边界和关键网络设备的设备防护策略，查看是否配置了对登录用户进行身份鉴别的功能。

（1）登录界面，检查是否已更改默认账号及口令，默认账号 superman，密码为 talent。若能直接登录，说明未修改默认账号及口令。如图 3-14 所示。

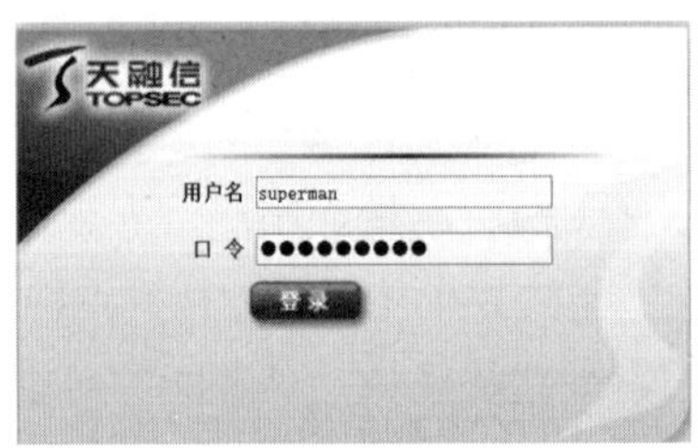

图 3-14　身份鉴别

2. 管理员登录地址进行限制

❖ 管控说明：

对网络设备的管理员登录地址进行限制。

➢ 具体要求：

设备的远程访问全部通过堡垒机进行访问，限制其他地址进行管理访问，若没有堡垒机，应通过设备本身的安全设备，或设备前端的防火墙对管理员的登录地址进行限制，同时，保留本地 console 口，启用强密码限制，并对其访问进行控制。

✓ 实践案例：

检查边界和关键网络设备的设备防护策略，查看是否对网络设备的登录地址进行了限制。

（1）选择系统管理→配置→开放服务，打开服务名称，检查“控制地址”。如图 3-15 所示。

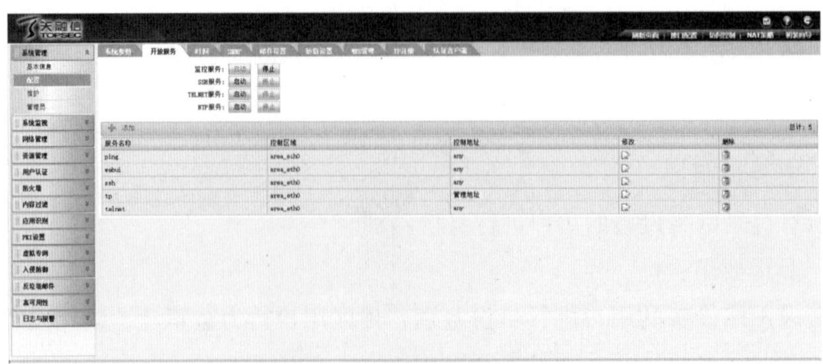

图 3-15　开放服务控制地址

（2）选择资源管理→地址→主机，查看主机名称为“控制地址”的 IP 地址是否管理员 IP 地址。如图 3-16 所示。

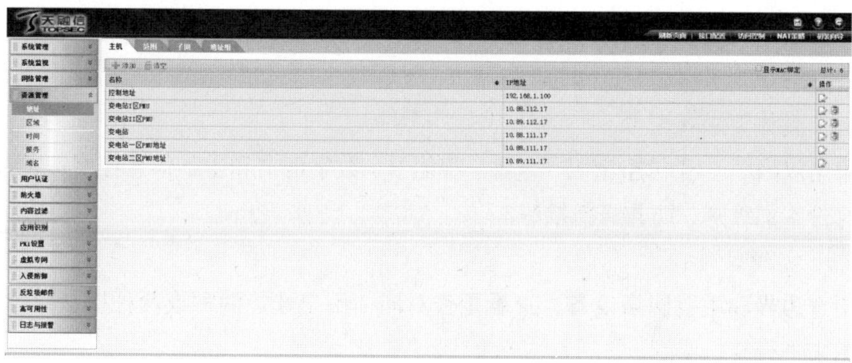

图 3-16　控制地址检查

3. 网络设备用户标识

❖　管控说明：

网络设备标识应唯一，同一网络设备的用户标识应唯一，禁止多人共用一个账号。

➢　具体要求：

配置不同的用户名的用户，防止多人共用一个账号，保证每名管理员设置一个单独的账户，避免出现问题后不能及时进行追踪溯源。

✓　实践案例：

检查网络设备的账户列表，查看网络设备用户的标识是否唯一。

选择系统系统管理→管理员，检查是否存在用户名相同的账号。如图 3-17 所示。

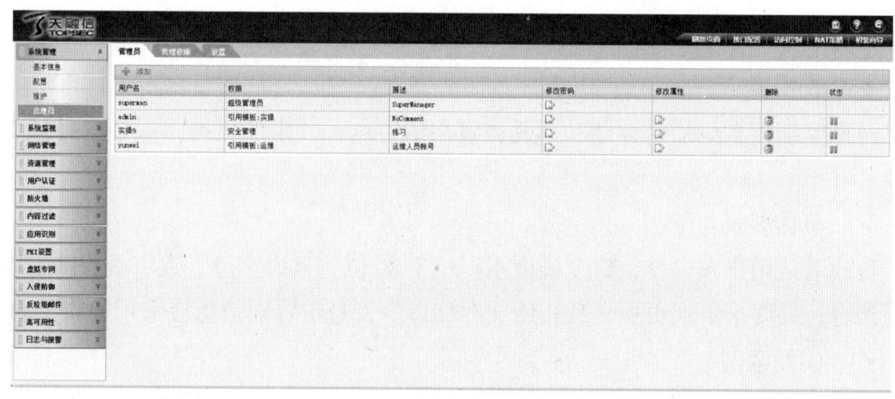

图 3-17　用户标识

4. 双因子鉴别

❖ 管控说明：

主要网络设备应对同一用户选择两种或两种以上组合的鉴别技术来进行身份鉴别。

➢ 具体要求：

采用双因子（用户名/密码、令牌、智能卡、数字证书和生物信息任意两种组合）鉴别身份鉴别级别，防止身份欺骗。

✓ 实践案例：

检查边界和主要网络设备，查看是否对同一用户选择两种或两种以上组合的鉴别技术来进行身份鉴别。

选择用户认证→用户管理→用户管理，单击用户名，查看“认证方式”是否为“本地口令+证书认证”或“外部口令+本地口令”。查看是否有其他方式。如图 3-18 所示。

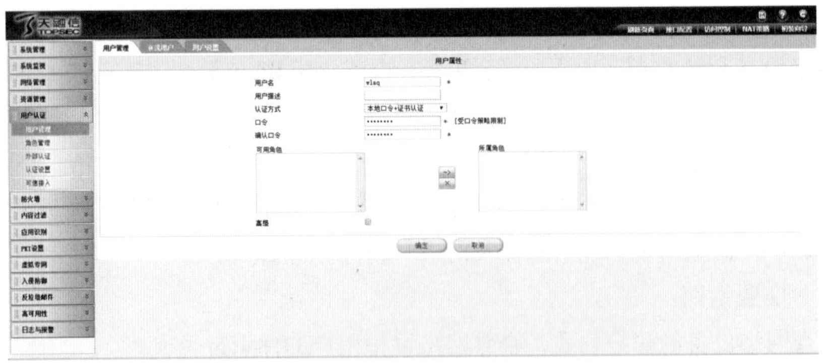

图 3-18 用户认证方式

5. 用户口令

❖ 管控说明：

身份鉴别信息应加密存储和不易被冒用的特点，并定期更换，保证密码口令的强度。

➢ 具体要求：

修改默认用户和口令，口令长度不得小于 8 位，且为字母、数字或特殊字符的混合组合，并要求定期更换，禁止明文存储口令，身份鉴别信息应采用加密传输。

✓ 实践案例：

检查边界和主要网络设备，查看是否配置了登录用户身份鉴别功能，口令设置是否有复杂度和定期修改要求。如图 3-19 所示。

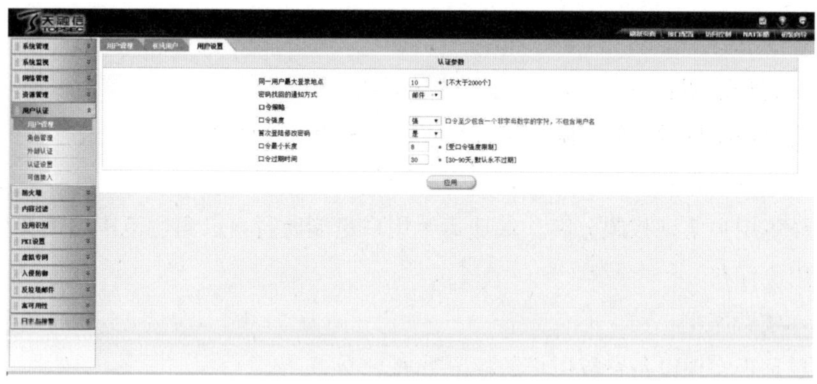

图 3-19　用户口令策略

6. 登录失败处理

❖　管控说明：

具有登录失败处理功能，可采取结束会话、限制非法登录次数和当网络登录连接超时自动退出等措施。

➢　具体要求：

配置登录失败处理功能，设置会话超时时间、远程登录超时时间，保证在管理员由于紧急或者遗忘的状态下忘记关闭窗口导致的信息泄密和非授权管理。

✓　实践案例：

检查边界和关键网络设备的设备防护策略，查看是否配置了鉴别失败处理功能，包括结束会话、限制非法登录次数、登录连接超时自动退出等。

选择系统管理→管理员→设置，查看认证参数的“最大登录失败次数”是否有设置。如图 3-20 所示。

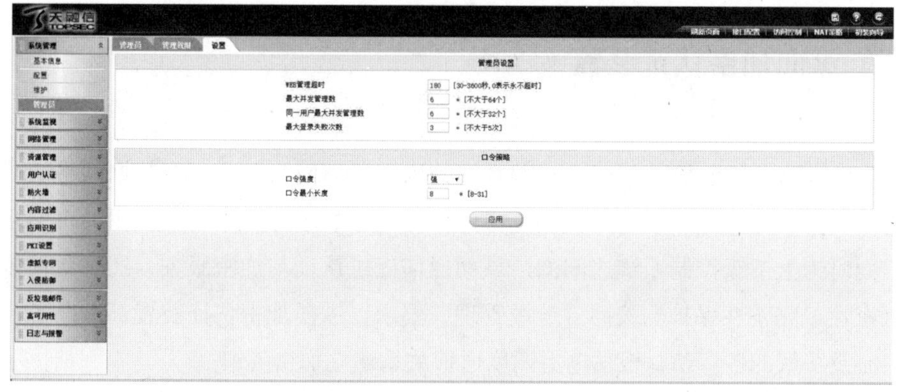

图 3-20　最大登录失败次数设置

7. 特权用户

❖ 管控说明：

实现设备特权用户的权限分离，禁止多人共用一个账号。

➢ 具体要求：

对设备用户实现权限分离，保证每个用户只能履行自己角色范围内的操作，杜绝超级用户存在。

✓ 实践案例：

查看是否实现设备特权用户的权限分离。

选择系统管理→管理员→系统参数，查看是否将管理员分为超级管理员、安全管理员和安全审计员等角色，实现特权分离。如图 3-21 所示。

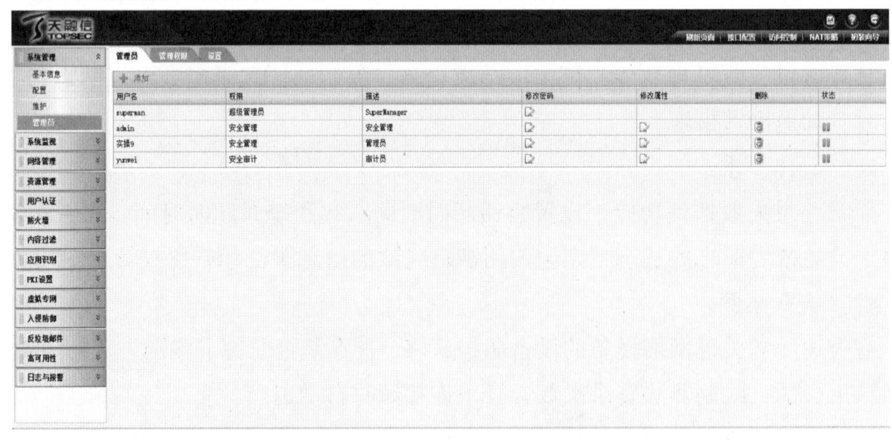

图 3-21　权限分离设置

3.2 纵向加密认证装置

纵向加密认证装置位于电力控制系统的内部局域网与电力调度数据网络的路由器之间，用于安全区Ⅰ/Ⅱ的广域网边界防护，可为本地安全区Ⅰ/Ⅱ提供一个网络屏障，同时为上下级控制系统之间的广域网通信提供认证与加密服务，实现数据传输的机密性、完整性保护。按照“分级管理”要求，纵向加密认证装置部署在各级调度中心及下属的各厂站，根据电力调度通信关系建立加密隧道。

下面以 Netkeeper2000 型纵向加密认证装置的基本实操配置为例来阐述纵向加密认证装置的具体运维技术。

3.2.1　用户身份鉴别

❖　操作说明：

对登录纵向加密的用户进行身份标识和鉴别。

➢　具体要求：

登录时检查用户身份。

✓　实践案例：

实地查看操作卡是否正常使用，登录设备是否需要操作员卡和 PIN 码。在 Netkeeper2000 中单击“用户登录→连接网关”，如能够直接登录进去，则表示该网关口令为空，详见图 3-22。

图 3-22　用户身份标识和鉴别

3.2.2　日志与审计

❖　管控说明：

开启日志审计，以便事件追溯。

➢　具体要求：

开启装置的日志审计功能。

✓　实践案例：

在 Netkeeper2000 中单击“日志管理→日志审计”，则将从装置中载入加密日志并自动解密分析其内容，为安全审计提供基础数据源。若没有内容，则没有开启日志审计，详见图 3-23。

图 3-23　日志审计

3.2.3　安全策略

1. 配置跟业务相对应的安全策略

❖　管控说明：

配置跟业务相对应的安全策略，禁止开启其他与业务无关的服务，业务策略按要求配置成加密或者明通。

➢　具体要求：

配置跟业务相对应的安全策略，实现具体通信策略和加密隧道的关联以及数据报文的综合过滤功能。

✓　实践案例：

在 Netkeeper2000 中单击“规则配置→策略配置”，并检查其配置是否与业务段地址一致，禁止开放其他服务端口，详见图 3-24。

策略配置

策略名称	1	隧道 ID	1
协议类型	全部	策略模式	加密
内网起始地址	192.168.1.4	内网终止地址	192.168.1.4
外网起始地址	192.168.1.1	外网终止地址	192.168.1.1
内网起始端口	0	内网终止端口	65535
外网起始端口	0	外网终止端口	65535

确认　　取消

图 3-24　策略配置

2. 隧道配置

❖　管控说明：

配置跟实际网络环境相对应的隧道，根据要求配置成明通或者密通，环境改变导致的隧道废弃及时清理，新增站点需要及时增加隧道。

➢　具体要求：

配置加密认证网关之间协商的安全传输通道，保证数据通信安全。

✓　实践案例：

在 Netkeeper2000 中单击“规则配置→隧道配置”，并检查其配置是否与业务段地址一致，禁止开放其他服务端口。如图 3-25（a）、（b）所示。

隧道配置

隧道名称	2	隧道 ID	2
隧道模式	加密	隧道本端地址	192.168.1.253
隧道对端主地址	192.168.2.253	主证书名称	f15.pem
隧道对端备地址	0.0.0.0	备证书名称	选择证书
隧道周期(时)	10000	隧道容量(个)	5000000

确认　　取消

（a）

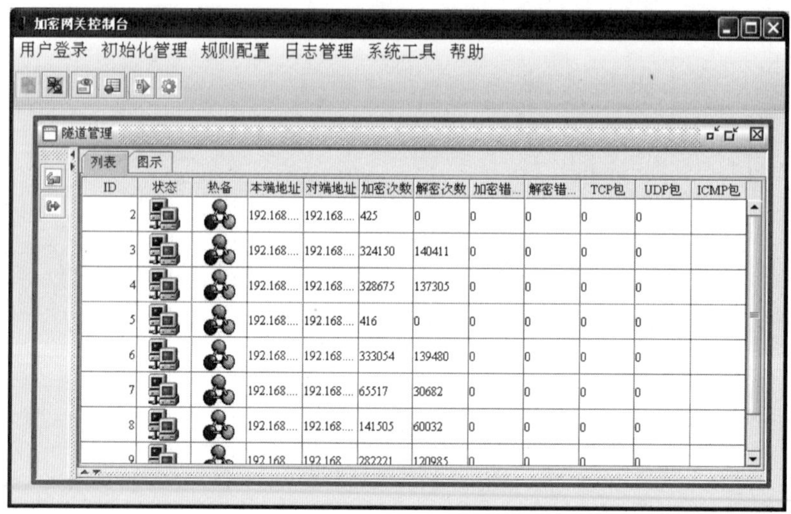

（b）

图 3-25 隧道配置

3. 证书管理

❖ 管控说明：

按照证书链导入正确的证书。

➢ 具体要求：

进入证书管理界面查询装置的证书列表。

✓ 实践案例：

在 Netkeeper2000 中单击“初始化管理”→“证书管理”，检查所有证书是否齐全，并检查证书的有效期、发行单位等，详见图 3-26（a）和 3-26（b）。

证书管理

证书名	证书类别	描述
cert_files/0B.pem	4	test
cert_files/maincard.pem	5	test
cert_files/oop2.pem	3	test
cert_files/oop1.pem	2	test
cert_files/CAcert.pem	0	test

（a）

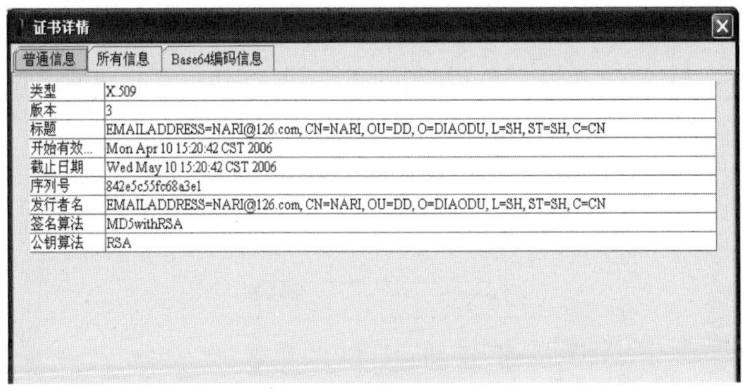

（b）

图 3-26　证书管理

3.3 安全隔离装置（正向型）

电力专用网络专用安全隔离装置（正向型）是位于调度数据网络与公用信息网络之间的一个安全防护装置，用于安全区Ⅰ/Ⅱ到安全区Ⅲ的单向数据传递。它可以识别非法请求，并阻止超越权限的数据访问和操作，从而有效地抵御病毒、黑客等通过各种形式发起的对电力网络系统的恶意破坏和攻击活动，保护实时闭环监控系统和调度数据网络的安全；同时它采用非网络传输方式实现这两个网络的信息和资源共享，保障电力系统的安全稳定运行。

下面以 SysKeeper-2000 型电力专用网络专用安全隔离装置（正向型）的基本实操配置为例来阐述正向安全隔离装置的具体运维技术。

3.3.1　登录口令设置

管控说明：

修改正向隔离装置默认口令。

➢　具体要求：

检查是否修改默认口令。

✓　实践案例：

连接装置后，在隔离装置中单击“用户登录”→“登录”，进入登录界面，输入用户名“admin”，密码“123456”。若出现如图 3-27 所示对话框，则表示未修改默认

用户名与口令。修改口令界面如图 3-28 所示，单击菜单栏的用户管理→修改密码选项，即可进入密码修改页面。输入原密码和新密码单击保存，即可完成密码修改操作，重新登录系统后即可用新密码进行登录。

图 3-27 用户登录

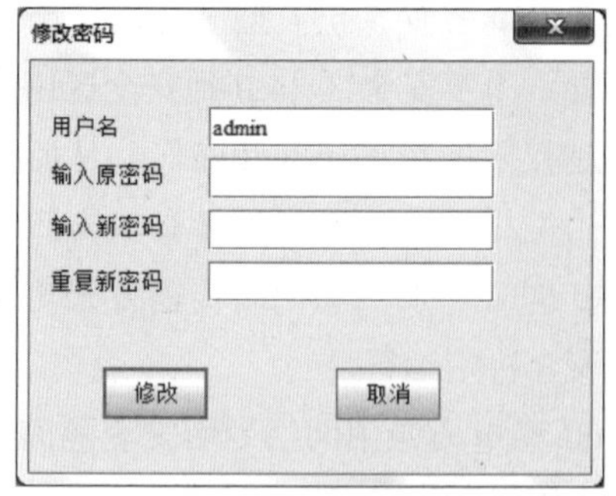

图 3-28 修改默认用户名与口令

3.3.2 日志与审计

❖ 管控说明：

开启日志功能，安全隔离装置（正向型）的所有操作都会自动记录到日志中。

➢ 具体要求：

检查是否开启日志功能。

✓ 实践案例：

正确连接后，单击菜单栏的日志管理→日志配置选项即可进入日志服务器配置页面，详见图 3-29。

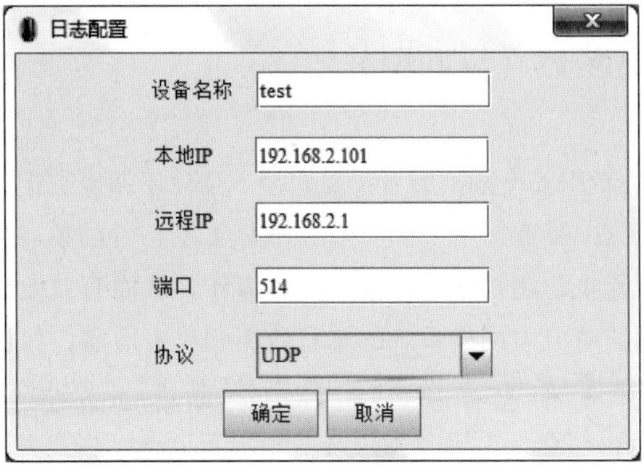

图 3-29　日志配置

3.3.3　安全策略

❖　管控说明：

配置跟业务要求相对应的安全策略。

➢　具体要求：

配置跟业务要求相对应的安全策略。

✓　实践案例：

正确连接后，单击规则配置→配置规则。在规则配置中要指定端口，不能端口全开。如图 3-30 所示。

图 3-30　策略配置

3.4 安全隔离装置（反向型）

电力专用网络专用安全隔离装置（反向型）是位于调度数据网络与公用信息网络之间的一个安全防护装置，用于安全区Ⅲ到安全区Ⅰ/Ⅱ的单向数据传递。它可以识别非法请求，并阻止超越权限的数据访问和操作，从而有效地抵御病毒、黑客等通过各种形式发起的对电力网络系统的恶意破坏和攻击活动，保护实时闭环监控系统和调度数据网络的安全。

下面以 SysKeeper-2000 型电力专用网络专用安全隔离装置（反向型）的基本实操配置为例来阐述反向安全隔离装置的具体运维技术。

3.4.1 登录口令设置

❖ 管控说明：

修改反向安全隔离装置默认口令。

➢ 具体要求：

检查是否修改默认口令。

✓ 实践案例：

连接装置后，在隔离装置中单击“用户登录”→“登录”，进入登录界面，输入用户名“admin”，密码“123456”。若出现如图 3-31 所示对话框，表示未修改默认用户名与口令。修改口令界面如图 3-32 所示，单击菜单栏的用户管理→修改密码选项即可进入密码修改页面。输入原密码和新密码，单击保存即可完成密码修改操作，重新登录系统后即可用新密码进行登录。

图 3-31 用户登录

修改密码

用户名 admin

输入原密码

输入新密码

重复新密码

修改　取消

图 3-32　修改默认用户名与口令

3.4.2　日志与审计

❖　管控说明：

开启日志审计功能，安全隔离装置（反向型）的所有的操作都会自动记录到日志中。

➢　具体要求：

检查是否开启日志功能。

✓　实践案例：

如图 3-33 所示。

图 3-33　日志配置

3.4.3　安全策略

❖　管控说明：

配置正确的访问控制策略，确保反向访问的可控性。

➢ 具体要求：

正确配置访问控制策略。

✓ 实践案例：

单击“规则配置”选项，若没有规则，则需要配置规则。开启的配置规则，应按照业务需求进行开发，禁止开放电力二次系统安全防护方案中强调禁止的服务，在规则中应使用特定端口，不能端口全开，详见图 3-34。

图 3-34　策略配置

第 4 章

中间件运维技术及实践

中间件是介于应用系统和系统软件之间的一类软件，它使用系统软件所提供的基础服务（功能），衔接网络上应用系统的各个部分或不同的应用，能够达到资源共享、功能共享的目的。

目前，它并没有很严格的定义，但是普遍接受 IDC 的定义：中间件是一种独立的系统软件服务程序，分布式应用软件借助这种软件在不同的技术之间共享资源，中间件位于客户机服务器的操作系统之上，管理计算资源和网络通信。

4.1 Tomcat 中间件

Tomcat 是 Apache 软件基金会（Apache Software Foundation）的 Jakarta 项目中的一个核心项目，由 Apache、Sun 和其他一些公司及个人共同开发而成。Tomcat 和 IIS 等 Web 服务器一样，具有处理 HTML 页面的功能。另外，它还是一个 Servlet 和 JSP 容器，独立的 Servlet 容器是 Tomcat 的默认模式，因为 Tomcat 技术先进、性能稳定，而且免费，因而深受 Java 爱好者的喜爱，并得到了部分软件开发商的认可，成为目前比较流行的 Web 应用服务器。

4.1.1 身份鉴别

登录口令设置如下：

❖ 管控说明：

提供用户身份标识唯一和鉴别信息复杂度检查功能，保证应用系统中不存在重复用户身份标识，身份鉴别信息不易被冒用。

➢ 具体要求：

（1）用户在第一次登录系统时修改分发的初始口令。

（2）口令长度不得小于 8 位，且为字母、数字或特殊字符的混合组合，用户名

和口令不得相同；口令应至少半年更新一次。

（3）禁止应用软件明文存储口令。

✓ 实践案例：

（1）使用新用户登录系统，优先提示修改密码，且仅当修改密码后才能正常使用系统功能。登录系统时修改初始口令的界面如图 4-1 所示。

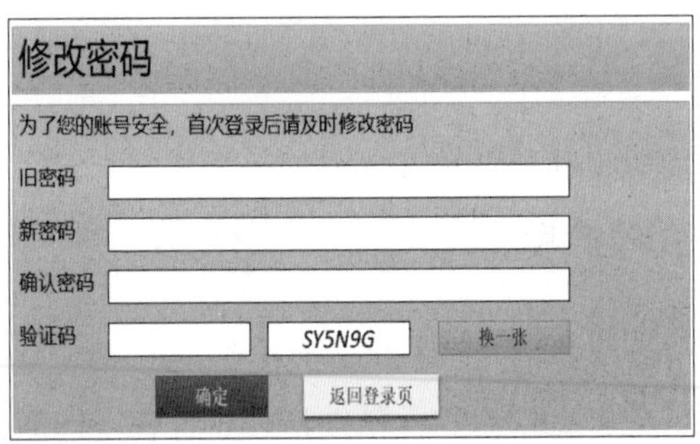

图 4-1　登录系统时修改初始口令

（2）关闭控制台：注释 Tomcat 用户配置文件 Tomcat-user.xml 中控制台配置信息；如果启用控制台，账号口令长度至少设置为 8 位，口令必须从字符（a ~ z，A ~ Z）、数字（0 ~ 9）、符号（ ~ !@#$%^&*（ ）_<>）中至少选择三种进行组合设置，更换周期限制（6 个月内）。

（3）查看密码存储方式，要求加密存储。密码存储方式如表 4-1 所示。

表 4-1　密码存储方式

ID	Username	Password	Depa
1	SMITH	94103c18ee18da0e0021b1fb2f179fc5	1574
2	ALLEN	ea503eadd2fafcbcef01875528a712b0	3578
3	CLARK	6c6feef826059dae385b05869eaf1a35	9522

4.1.2　访问控制

1. 用户权限控制

❖ 管控说明：

授予不同账户为完成各自承担任务所需的最小权限，并在它们之间形成相互制约的关系。

➢ 具体要求：

（1）设置用户各自承担任务所需的最小权限。

（2）特权用户的权限分离。

（3）用户权限之间相互制约。

✓　实践案例：

检查 Tomcat \conf\Tomcat-users.xml 中为 Web 服务提供唯一、最小权限的用户与组。中间件配置文件路径如图 4-2 所示，中间件用户权限配置如图 4-3 所示。

补充说明：

（1）Tomcat 4.x 和 5.x 版本用户角色分为：role1，Tomcat，admin，manager 四种。role1：具有读权限；Tomcat：具有读和运行权限；admin：具有读、运行和写权限；manager：具有远程管理权限。Tomcat 6.0.18 版本只有 admin 和 manager 两种用户角色，且 admin 用户具有 manager 管理权限。

（2）Tomcat 4.1.37 和 5.5.27 版本及以后发行的版本默认除 admin 用户外其他用户都不具有 manager 管理权限。

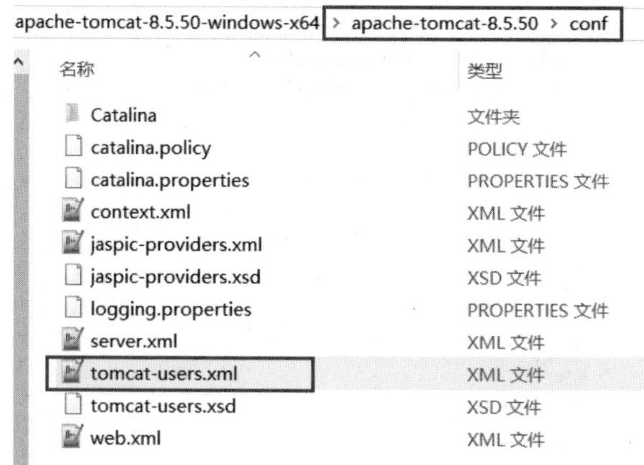

图 4-2　中间件配置文件路径

```
<!--
  <role rolename="tomcat"/>
  <role rolename="role1"/>
  <user username="tomcat" password="<must-be-changed>" roles="tomcat"/>
  <user username="both" password="<must-be-changed>" roles="tomcat,role1"/>
  <user username="role1" password="<must-be-changed>" roles="role1"/>
-->

  <role rolename="admin-gui"/>
  <role rolename="logs-gui"/>
  <role rolename="conf-gui"/>

  <user username="FXXE" password="Lwaz3qys^U" roles="admin-gui"/>
  <user username="QDHL" password="8IgMcgdWi$" roles="logs-gui"/>
  <user username="CPPS" password="Ff&Gtx03QB" roles="conf-gui"/>

</tomcat-users>
```

图 4-3　中间件用户权限配置

2. 目录权限控制

❖ 管控说明：

严格控制中间件目录的访问权限，禁止站点目录浏览。

➢ 具体要求：

（1）检查中间件目录的访问权限禁止 everyone 权限。

（2）使用漏洞扫描器，确认中间件是否存在目录浏览。

✓ 实践案例：

检查中间件目录的访问权限是否禁止 everyone 权限，如图 4-4 所示。

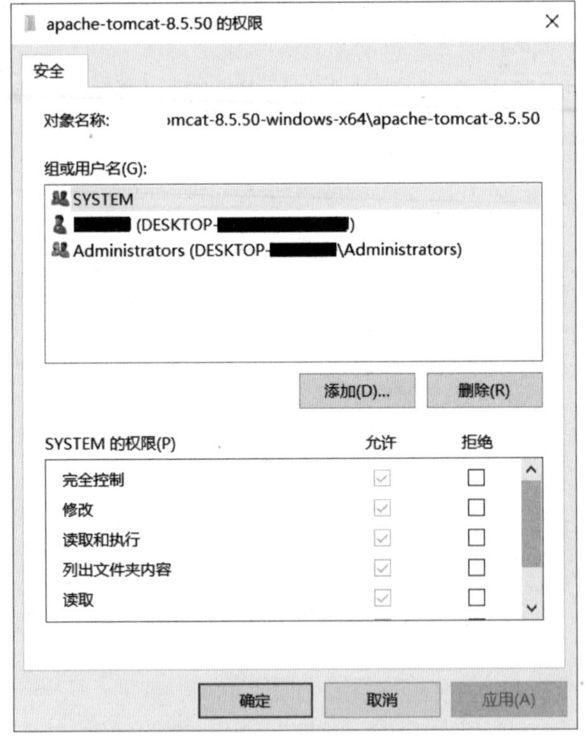

图 4-4　禁用 everyone 权限

3. 配置文件和日志文件权限控制

❖ 管控说明：

严格限制配置文件和日志文件的访问权限。

➢ 具体要求：

中间件的配置文件和日志文件的访问只限定为应用系统管理员的账号或所支撑

主机的超级管理员账户，禁止其他账号的访问。

✓　实践案例：

检查中间件配置文件和日志文件权限，确认是否只允许应用系统管理员的账号或所支撑主机的超级管理员账户进行访问，如图 4-5 所示。

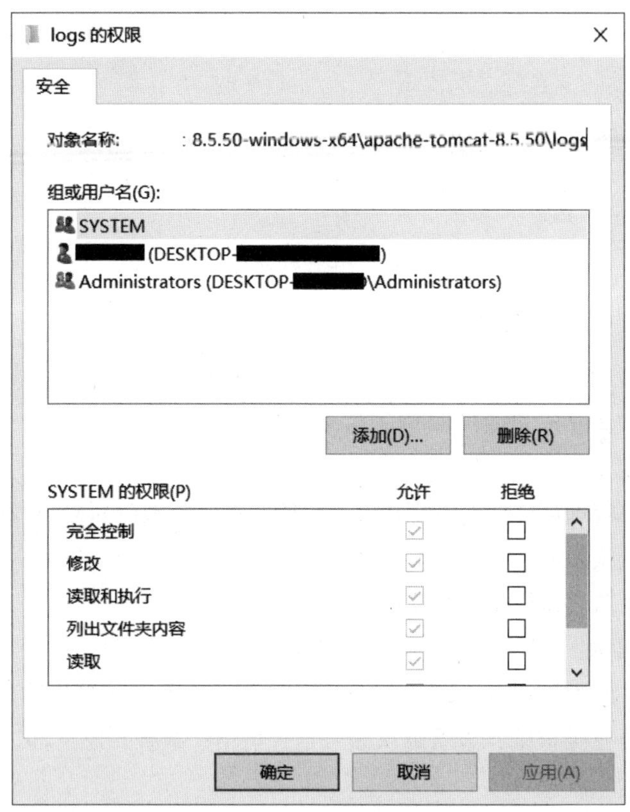

图 4-5　日志文件权限

4. 过期账户和无用账户权限控制

❖　管控说明：

删除或锁定过期账户和无用账户。

➢　具体要求：

检查中间件的用户列表，对各个账户的用途询问管理员，确认是否存在过期和无用账户。

✓　实践案例：

检查中间件的用户列表，如图 4-6 所示。对各个账户的用途询问管理员，确认是

否存在过期和无用账户。

```
<!--
  <role rolename="tomcat"/>
  <role rolename="role1"/>
  <user username="tomcat" password="<must-be-changed>" roles="tomcat"/>
  <user username="both" password="<must-be-changed>" roles="tomcat,role1"/>
  <user username="role1" password="<must-be-changed>" roles="role1"/>
-->

  <role rolename="admin-gui"/>
  <role rolename="logs-gui"/>
  <role rolename="conf-gui"/>

  <user username="FXXE" password="Lwaz3qys^U" roles="admin-gui"/>
  <user username="QDHL" password="8IgMcgdWi$" roles="logs-gui"/>
  <user username="CPPS" password="Ff&Gtx03QB" roles="conf-gui"/>

</tomcat-users>
```

图 4-6　用户权限列表

5. 默认账户和特权账户权限控制

❖　管控说明：

严格限制默认账户和特权账户的访问权限。

➢　具体要求：

（1）按日志管理员、配置管理员及系统管理员三类权限对账户权限进行划分。

（2）禁用默认账号。

（3）控制并监管特权账号的使用。

✓　实践案例：

检查中间件的用户列表，如图 4-7 所示。查看是否存在按日志管理员、配置管理员及系统管理员三类权限；查看默认账号是否禁用；检查日志文件，确认特权账号的使用情况。

```
<!--
  <role rolename="tomcat"/>
  <role rolename="role1"/>
  <user username="tomcat" password="<must-be-changed>" roles="tomcat"/>
  <user username="both" password="<must-be-changed>" roles="tomcat,role1"/>
  <user username="role1" password="<must-be-changed>" roles="role1"/>
-->

  <role rolename="admin-gui"/>
  <role rolename="logs-gui"/>
  <role rolename="conf-gui"/>

  <user username="FXXE" password="Lwaz3qys^U" roles="admin-gui"/>
  <user username="QDHL" password="8IgMcgdWi$" roles="logs-gui"/>
  <user username="CPPS" password="Ff&Gtx03QB" roles="conf-gui"/>

</tomcat-users>
```

图 4-7　用户权限列表

4.1.3　安全审计

1. 安全审计功能

❖　管控说明：

提供覆盖每个用户的安全审计功能，对应用系统的用户登录、用户退出、增加用户、修改用户权限等重要安全事件进行审计。

➢　具体要求：

（1）增加访问日志审计。

（2）记录错误日志。

✓　实践案例：

（1）提供覆盖到每个用户的安全审计功能，对应用系统重要安全事件进行审计。

（2）提供覆盖每个用户的安全审计功能，对应用系统的用户登录、用户退出、增加用户、修改用户权限等重要安全事件进行审计。

（3）记录系统管理员和系统操作者的活动，进行日志保护及定期评审。

（4）在 server.xml 里的<host>标签下加上<ValveclassName="org.apache.catalina.valves.AccessLogValve"directory="logs"prefix="localhost_access_log."suffix=".txt"pattern="common" resolveHosts="false"/>。如图 4-8 所示。

```
<Host name="localhost"  appBase="webapps"
      unpackWARs="true" autoDeploy="true">

  <!-- SingleSignOn valve, share authentication between web applications
       Documentation at: /docs/config/valve.html -->
  <!--
  <Valve className="org.apache.catalina.authenticator.SingleSignOn" />
  -->

  <!-- Access log processes all example.
       Documentation at: /docs/config/valve.html
       Note: The pattern used is equivalent to using pattern="common" -->
  <Valve className="org.apache.catalina.valves.AccessLogValve" directory="logs"
         prefix="localhost_access_log" suffix=".txt"
         pattern="common" resolveHosts="false" />

</Host>
```

图 4-8　日志配置

2. 审计日志防护

❖　管控说明：

保护日志设施和日志信息，使日志免受删除、修改、覆盖和未授权访问。

➢　具体要求：

（1）对日志提供保护。

（2）日志记录保存 6 个月以上。

✓ 实践案例：

（1）审计日志文件应设置访问权限，禁止未经授权的用户访问（windows everyone 用户应没有写权限，其他 Linux 操作系统权限值建议设置为：640）。如图 4-9 所示。

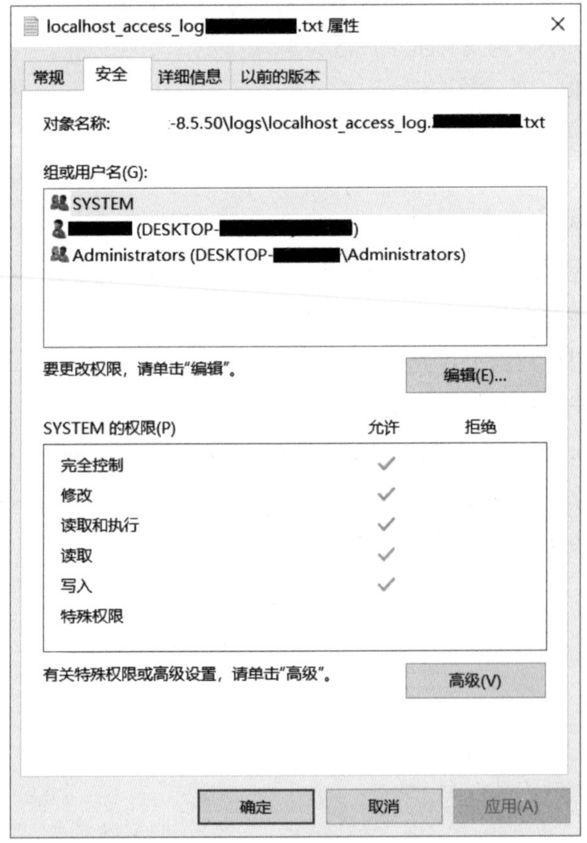

图 4-9　日志权限设置

（2）日志必须保存 6 个月以上。

3. 审计内容覆盖

❖ 管控说明：

审计记录的内容至少应包括事件的日期、时间、发起者信息、类型、描述和结果等。日志应至少保留 90 天并定期评审。

➢ 具体要求：

（1）加强中间件审计功能的审计记录内容，至少对事件日期、时间、发起者信

息、类型、描述和结果进行记录。

✓　实践案例：

审计记录包括事件发生的日期和时间、触发事件的主体与客体、事件的类型、事件成功或失败、身份鉴别事件中请求的来源、事件的结果等。

4. 审计报表分析

❖　管控说明：

提供对审计记录数据进行统计、查询、分析及生成审计报表的功能。

➢　具体要求：

（1）为授权用户浏览和分析审计数据提供专门的审计分析功能。

（2）能够根据需要生成审计报表。

✓　实践案例：

（1）提供专门的审计工具对审计记录进行分类、排序、查询、统计、分析等。

（2）能根据需要生成审计报表。

（3）定期对记录数据进行分析。

4.1.4　资源控制

1. 通信资源控制

❖　管控说明：

当应用系统的通信双方中的一方在一段时间内未做任何响应，另一方应能够自动结束会话。

➢　具体要求：

提供应用系统资源控制措施。

✓　实践案例：

中间件已提供登录超时功能，查看 server.xml 设置连接超时优化，如图 4-10 所示。connectionTimeout="30000"、KeepAliveTimeout="30000"。

```
<Connector port="8080" protocol="HTTP/1.1"
           connectionTimeout="30000"
           KeepAliveTimeout="30000
           redirectPort="8443" />
```

图 4-10　连接超时设置

2. 最大并发会话控制

❖ 管控说明：

能够对系统的最大并发会话连接数进行限制。

➢ 具体要求：

中间件限制最大并发会话连接数，从而在一定程度上防止拒绝服务攻击，保证系统的正常运行。

✓ 实践案例：

中间件已限制系统的最大并发连接数，server.xml 已设置如图 4-11 所示配置：

maxThreads="150"、minSpareThreads="25"、maxSpareThreads="75"。

```
<!--The connectors can use a shared executor, you can define one or more named thread pools-->

<Executor name="tomcatThreadPool" namePrefix="catalina-exec-"
    maxThreads="150" minSpareThreads="25" maxSpareThreads="75"/>
```

图 4-11 最大并发连接数设置

3. 并发会话控制

❖ 管控说明：

能够对一个时间段内可能的并发会话连接数进行限制。

➢ 具体要求：

限制一个时间段内的最大并发会话连接数，从而在一定程度上防止拒绝服务攻击，保证系统的正常运行。

✓ 实践案例：

应用系统对一段时间内的并发连接数进行限制，限制每秒并发链接数。

4. 远程登录控制

❖ 管控说明：

进行远程管理维护时，严格限制终端远程登录服务。

➢ 具体要求：

统一主机的远程登录设备为堡垒机，通过访问控制策略限制其他设备对主机的远程登录。

✓ 实践案例：

进行远程管理维护时，严格限制终端远程登录服务。堡垒机访问控制如图 4-12 所示。

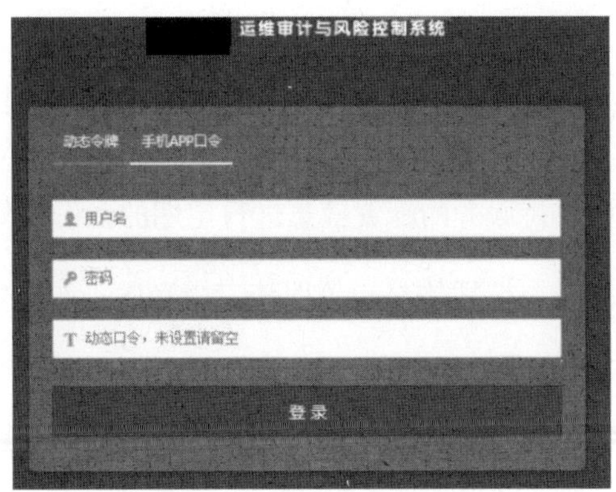

图 4-12　堡垒机访问控制

4.1.5　安全配置

❖　管控说明：

删除中间件不必要组件和缺省安装的无用文件、进行基本的安全配置和加固。

➢　具体要求：

（1）删除中间件与应用系统无关的不必要组件。

（2）删除中间件与应用系统缺省安装的无用文件。

✓　实践案例：

删除中间件不必要组件和缺省安装的无用文件，已进行基本配置和加固。

4.1.6　系统备份

1. 定期开展备份

❖　管控说明：

对支撑应用服务的配置进行定期备份。

➢　具体要求：

定期备份中间件所支持服务的配置信息。

✓　实践案例：

对支撑应用的服务的配置进行备份。

2. 备份恢复测试

❖　管控说明：

支撑应用的服务所处的环境发生变更时进行配置的备份恢复测试。

➢ 具体要求：

对备份的中间件所支持服务的配置信息进行定期的备份恢复测试。

✓ 实践案例：

对备份的中间件所支持服务的配置信息进行定期的备份恢复测试。

4.2 Weblogic 中间件

WebLogic 是 Oracle 公司出品的一个应用服务器，确切地说是一个基于 JavaEE 架构的中间件。WebLogic 是用于开发、集成、部署和管理大型分布式 Web 应用、网络应用和数据库应用的 Java 应用服务器。将 Java 的动态功能和 Java Enterprise 标准的安全性引入大型网络应用的开发、集成、部署和管理之中。WebLogic 最常用的使用方式是为在 internet 或 internet 上的 Web 服务提供安全、数据驱动的应用程序。长期以来 WebLogic 一直被认为是市场上最好的 J2EE 工具之一。

4.2.1 身份鉴别

1. 登录身份鉴别功能

❖ 管控说明：

提供专用的登录控制模块对登录用户进行身份标识和鉴别。

➢ 具体要求：

系统添加登录认证模块，对用户身份以及权限进行验证。

✓ 实践案例：

中间件对登录用户进行身份标识和鉴别，如图 4-13 所示。

图 4-13 登录用户鉴别

2. 登录口令设置

❖　管控说明：

提供用户身份标识唯一和鉴别信息复杂度检查功能，保证应用系统中不存在重复用户身份标识，身份鉴别信息不易被冒用。

➢　具体要求：

（1）账号口令长度至少设置为 8 位，口令必须从字符（a-z，A-Z）、数字（0～9）、符号（～!@#$%^&*（）_<>）中至少选择三种进行组合设置、更换周期限制（6 个月内）。

（2）提供唯一用户标识。

（3）设计/验收文档明确系统唯一性措施描述。

✓　实践案例：

（1）查看安全领域概要→myrealm→用户和组，用户唯一，如图 4-14 所示。

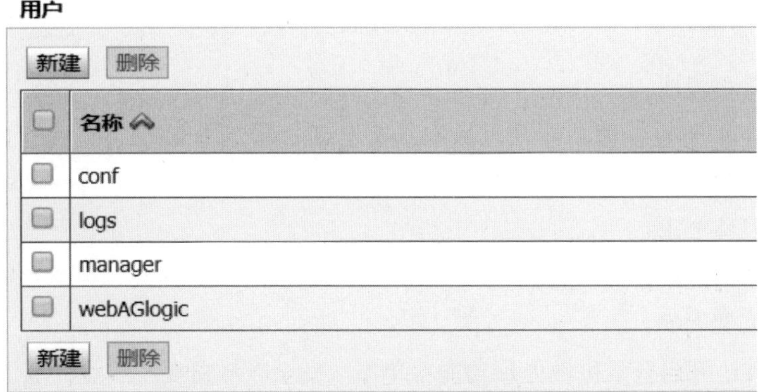

图 4-14　用户信息列表

（2）查看安全领域概要→myrealm→用户和组→myrealm→提供程序→DefaultAuthenticator，查看“最小口令长度”的参数值（8 位以上），如图 4-15 所示。

主页 >安全领域概要 >myrealm >用户和组 >myrealm >提供程序 >DefaultAuthenticator

DefaultAuthenticator的设置

配置　性能　迁移

公用　提供程序特定

单击"更改中心"中的锁定并编辑按钮可修改此页中的设置。

保存

在此页中，您可以配置此 WebLogic 验证提供程序的其他属性。

启用"保持活动"

传播造成登录异常错误的原因

启用口令摘要

将检索到的用户名用作主用户

最小口令长度: 8

组成员资格搜索: unlimited

最大组成员资格搜索级别: 0

图 4-15　用户口令复杂度要求

（3）密码复杂度：3 种组合 8 位以上，定期修改。

3. 登录失败处理

❖　管控说明：

提供登录失败处理功能，可采取结束会话、限制非法登录次数和自动退出等措施。

➢　具体要求：

配置鉴别失败处理功能。

✓　实践案例：

中间件已开启登录失败处理功能：单击“安全领域概要”节点，双击 myrealm，在一级菜单“配置”中选择“用户封锁”，如图 4-16 所示。合理设置如下参数：“封锁阈值”=5，即失败尝试次数 5 次；“封锁持续时间”=3，即账号锁定时间 3 分钟；“封锁重置持续时间”=3，即失败尝试时间 3 分钟。

myrealm的设置

配置 | 用户和组 | 角色和策略 | 身份证明映射 | 提供程序 | 迁移

一般信息 | RDBMS 安全存储 | 用户封锁 | 性能

单击"更改中心"中的*锁定并编辑*按钮可修改此页中的设置。

保存

口令猜测是一种常见的安全攻击类型。在此类型的攻击中，黑客会尝试使用各种用户名和口令组合登录

☑ 启用封锁

封锁阈值: 5

封锁持续时间: 3

封锁重置持续时间: 3

封锁高速缓存大小: 5

封锁 GC 阈值: 400

保存

图 4-16　登录失败配置

4. 登录身份鉴别

❖　管控说明：

启用身份鉴别、用户身份标识唯一性检查、用户身份鉴别信息复杂度检查以及登录失败处理功能，并根据安全策略配置相关参数。

➢　具体要求：

（1）系统开启用户名唯一性检查、口令复杂度检查以及登录失败处理功能，防止系统出现弱口令和遭受到口令穷举攻击的风险。

（2）根据安全策略配置登录失败处理相关参数。

✓　实践案例：

（1）已开启用户名唯一性检查、口令复杂度检查。

（2）已开启登录失败处理功能。

4.2.2　访问控制

1. 用户权限控制

❖　管控说明：

授予不同账户为完成各自承担任务所需的最小权限，并在它们之间形成相互制约的关系。Administrators：创建域时系统用户默认为此组，管理权限最大。可以浏览、配置、修改服务器配置及停止、启动服务器，部署和取消应用程序。Deployers：部署和取消应用程序（包括创建连接池数据源）。可以浏览但不能修改服务器配置（主要是指 myserver 中各选项参数等）。如果用户属于此组时，在控制台看不见安全性选项即 Security。Monitors：只能浏览服务器配置，监视服务器性能，不能修改任何东西。如果用户属于此组时，在控制台看不见安全性选项即 Security。Operators：启动和关闭服务器，并可以浏览服务器配置。不能部署取消应用程序(包括创建连接池河数据源)。如果用户属于此组时，在控制台看不见安全性选项即 Security。管理员还可以依据实际业务需求，进一步添加和完善账户权限配置。

➢　具体要求：

（1）设置用户各自承担任务所需的最小权限。

（2）特权用户的权限分离。

（3）用户权限之间相互制约。

定制此表

组

新建　删除

名称	说明
AdminChannelUsers	AdminChannelUsers can access the admin channel.
Administrators	Administrators can view and modify all resource attributes and start and stop servers.
AppTesters	AppTesters group.
CrossDomainConnectors	CrossDomainConnectors can make inter-domain calls from foreign domains.
Deployers	Deployers can view all resource attributes and deploy applications.
Group conf	
Group logs	
Group manager	
Monitors	Monitors can view and modify all resource attributes and perform operations not restricted by roles.
Operators	Operators can view and modify all resource attributes and perform server lifecycle operations.

新建　删除

图 4-17　用户权限控制

✓　实践案例：

（1）设置用户各自承担任务所需的最小权限。

（2）特权用户的权限已分离。

（3）用户权限之间已相互制约。

2. 目录权限控制

❖　管控说明：

严格控制中间件目录的访问权限，禁止站点目录浏览。

➢　具体要求：

（1）检查中间件的目录的访问权限为非 everyone 权限。

（2）使用漏洞扫描器，确认中间件是否存在目录浏览。

✓　实践案例：

（1）检查中间件目录的访问权限是否禁止 everyone 权限，如图 4-18 所示。

（2）使用漏洞扫描器，确认中间件是否存在目录浏览。

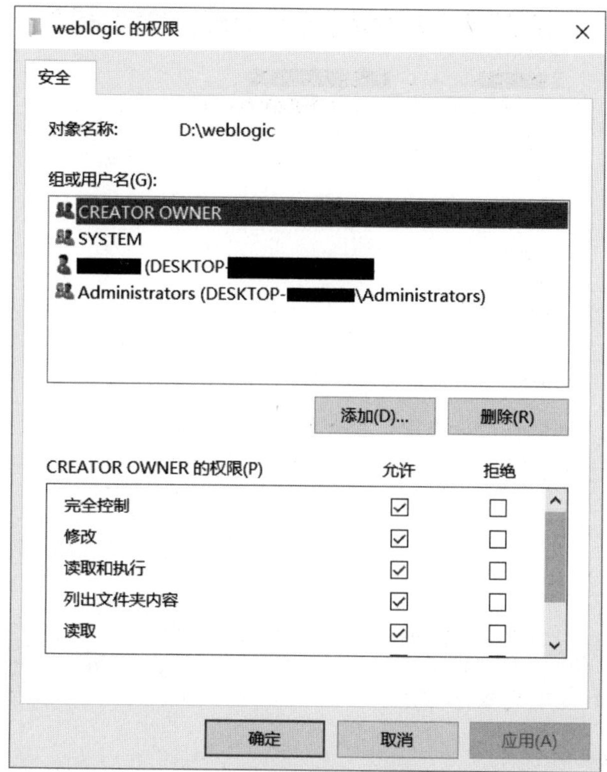

图 4-18　禁止 everyone 权限

3. 配置文件和日志文件权限控制

❖ 管控说明：

严格限制配置文件和日志文件的访问权限。

➢ 具体要求：

中间件的配置文件和日志文件的访问只限定为应用系统管理员的账号或所支撑主机的超级管理员账户，禁止其他账号的访问。

✓ 实践案例：

中间件配置文件和日志文件权限，只允许应用系统管理员的账号或所支撑主机的超级管理员账户进行访问。日志文件访问权限如图 4-19 所示。

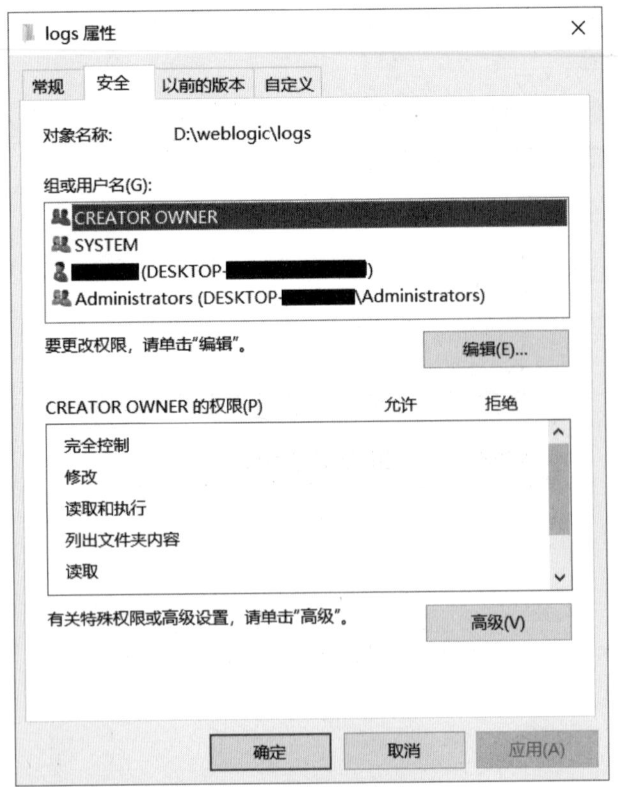

图 4-19 日志文件访问权限

4. 过期账户和无用账户权限控制

❖ 管控说明：

删除或锁定过期账户和无用账户。

➢　具体要求：

定期对中间件用户列表中的用户进行检查，删除过期和无用账户。

✓　实践案例：

检查中间件的用户列表，删除过期和无用账户，如图 4-20 所示。

图 4-20　删除过期和无用账户

5. 默认账户和特权账户权限控制

❖　管控说明：

严格限制默认账户和特权账户的访问权限。

➢　具体要求：

（1）按日志管理员、配置管理员及系统管理员三类权限对账户权限进行划分。

（2）禁用默认账号。

（3）控制并监管特权账号的使用。

✓　实践案例：

（1）检查中间件的用户列表，按日志管理员、配置管理员及系统管理员三类权限。账户权限划分如图 4-21 所示。

（2）禁用默认账号。

（3）检查日志文件，确认特权账号的使用情况。

▶ 定制此表

组

新建　删除

	名称	说明
☐	AdminChannelUsers	AdminChannelUsers can access the admin channel.
☐	Administrators	Administrators can view and modify all resource attributes and start and stop servers.
☐	AppTesters	AppTesters group.
☐	CrossDomainConnectors	CrossDomainConnectors can make inter-domain calls from foreign domains.
☐	Deployers	Deployers can view all resource attributes and deploy applications.
☐	Group conf	
☐	Group logs	
☐	Group manager	
☐	Monitors	Monitors can view and modify all resource attributes and perform operations not restricted by roles.
☐	Operators	Operators can view and modify all resource attributes and perform server lifecycle operations.

新建　删除

图 4-21　账户权限划分

4.2.3　安全审计

1. 安全审计功能

❖　管控说明：

提供覆盖每个用户的安全审计功能，对应用系统的用户登录、用户退出、增加用户、修改用户权限等重要安全事件进行审计。

➢　具体要求：

（1）记录 weblogin 日志。

（2）记录 HTTP 日志。

✓　实践案例：

进入 weblogic 的 Web 版控制台→环境→服务器→server 名→日志记录。

① 定义 weblogin 日志记录名称及存储位置，在控制台配置属性如下：

一般信息→日志文件名称：写应用服务器日志的文件全路径名。如图 4-22 所示。

② 定义 HTTP 日志记录名称及存储位置，在控制台配置属性如下：

http→日志文件名称：写应用服务器日志的文件全路径名。如图 4-23 所示。

AdminServer的设置

配置 协议 日志记录 调试 监视 控制 部署 服务 安全 注释

一般信息 HTTP 数据源

保存

使用此页可以定义此服务器的一般日志记录设置。

日志文件名称: D:\weblogic\user_projects\domains\base_domain\servers\A

— 滚动

滚动类型: 按大小

滚动文件大小: 5000

滚动开始时间: 00:00

滚动时间间隔: 24

限制保留的文件数

要保留的文件数: 7

图 4-22 一般日志配置

AdminServer的设置

配置 协议 日志记录 调试 监视 控制 部署 服务 安全 注释

一般信息 HTTP 数据源

保存

使用此页可以配置服务器的 HTTP 日志记录。默认情况下，HTTP 日志记录处于启用状态，服务器会将 HTTP

启用 HTTP 访问日志文件

日志文件名称: D:\weblogic\user_projects\

— 滚动

滚动类型: 按大小

滚动文件大小: 5000

滚动开始时间: 00:00

滚动时间间隔: 24

限制保留的文件数

要保留的文件数: 7

日志文件滚动目录:

启动时滚动日志文件

图 4-23 HTTP 日志配置

2. 审计日志防护

❖ 管控说明：

保护日志设施和日志信息，使日志免受删除、修改、覆盖和未授权访问。

➢ 具体要求：

（1）对日志提供保护。

（2）日志记录保存 6 个月以上。

✓ 实践案例：

（1）审计日志文件应设置访问权限，禁止未经授权的用户访问：

windows everyone 用户应没有写权限，其他 Linux 操作系统权限值建议设置为：640。

（2）日志必须保存 6 个月以上。

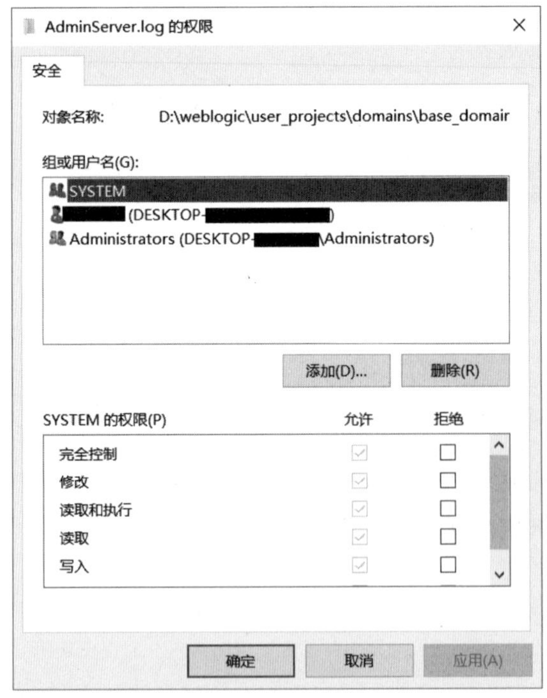

图 4-24 禁用 everyone 权限

3. 审计内容覆盖

❖ 管控说明：

审计记录的内容至少应包括事件的日期、时间、发起者信息、类型、描述和结

果等。日志应至少保留 90 天并定期评审。

➢ 具体要求：

加强中间件审计功能的审计记录内容，至少对事件日期、时间、发起者信息、类型、描述和结果进行记录。

✓ 实践案例：

应用系统审计记录已对事件日期、时间、发起者信息、类型、描述和结果进行记录。

4. 审计报表分析

❖ 管控说明：

提供对审计记录数据进行统计、查询、分析及生成审计报表的功能。

➢ 具体要求：

（1）为授权用户浏览和分析审计数据提供专门的审计分析功能。

（2）能够根据需要生成审计报表。

✓ 实践案例：

应用系统提供审计记录的报表生成功能。

4.2.4 通信保密性

❖ 管控说明：

对通信过程中的整个报文或会话过程进行加密。采用加密或其他措施实现系统管理数据、鉴别信息和重要业务数据存储的保密性保护。

➢ 具体要求：

对敏感信息字段进行加密。

✓ 实践案例：

（1）应用系统对用户的登录过程中对所提交的密码字段进行加密：在应用服务器管理控制台中，环境→服务器→配置→一般信息，已勾选“启用 SSL 监听端口”，已配置相应的端口，并已修改控制台默认管理端口 37001。如图 4-25 所示。

（2）管理控制台→环境→服务器→示例服务器→配置→SSL，“主机名验证”参数值：BEA 主机名验证器。如图 4-26 所示。

AdminServer的设置

配置 协议 日志记录 调试 监视 控制 部署 服务 安全 注释

一般信息 集群 服务 密钥库 SSL 联合服务 部署 迁移 优化 超载

保存

使用此页可以配置该服务器的一般功能, 例如默认网络通信。

查看 JNDI 树

名称: AdminServer

计算机: (None)

集群: (Standalone)

监听地址:

启用监听端口

监听端口: 37001

启用 SSL 监听端口

SSL 监听端口: 37002

启用客户机证书代理

图 4-25　通信保密配置

高级

主机名验证: BEA 主机名验证器

定制主机名验证器:

导出密钥寿命: 500

使用服务器证书

双向客户机证书行为: 不请求客户机证书

证书验证者:

启用 SSL 拒绝日志记录

允许未加密的 Null 密码

入站证书验证: 仅内置 SSL 验证

出站证书验证: 仅内置 SSL 验证

图 4-26　SSL 配置

4.2.5　资源控制

1. 通信资源控制

❖　管控说明：

当应用系统的通信双方中的一方在一段时间内未做任何响应，另一方应能够自动结束会话。

➢　具体要求：

提供应用系统资源控制措施。

✓　实践案例：

设置用户登录超时时间：域→配置→一般信息→高级→控制台会话超时：已配置 timeout 参数值。如图 4-27 所示。

▼高级

☑ 启用控制台	
控制台上下文路径:	console
控制台 Cookie 名称:	ADMINCONSOLESESSION
控制台会话超时:	300
控制台扩展目录:	console-ext
管理协议:	t3s ▼

图 4-27　控制台超时配置

2. 最大并发会话控制

❖　管控说明：

能够对系统的最大并发会话连接数进行限制。

➢　具体要求：

限制应用服务器 Socket 数量，从而在一定程度上防止拒绝服务攻击，保证系统的正常运行。

✓　实践案例：

设置应用服务器 Socket 数量：环境→服务器→配置→优化，已设置“最大打开套接字数”参数值（建议 250）。最大并发会话连接数配置如图 4-28 所示。

图 4-28　最大并发会话连接数配置

3. 并发会话控制

❖　管控说明：

能够对一个时间段内可能的并发会话连接数进行限制。

➢　具体要求：

限制一个时间段内的最大并发会话连接数，从而在一定程度上防止拒绝服务攻击，保证系统的正常运行。

✓　实践案例：

应用系统对一段时间内的并发连接数进行限制。

4. 服务资源控制

❖　管控说明：

通过监控软件对应用的服务性能进行监测，包括进程、CPU、内存、端口等资源的使用状况，设置各项指标的最小值及最大值，并当低于或超过相应值时进行报警。

➢　具体要求：

通过监控软件对应用的服务性能进行监测，包括进程、CPU、内存、端口等资源的使用状况。

设置各项指标的最小值及最大值，并当低于或超过相应值时进行报警。

✓　实践案例：

对支撑应用的服务所使用的进程、CPU、内存、端口等资源的使用状况进行监测，并在高于预定的最大值和低于预定的最小值时进行报警。

5. 远程登录控制

❖　管控说明：

进行远程管理维护时，严格限制终端远程登录服务。

➢　具体要求：

统一主机的远程登录设备为堡垒机，通过访问控制策略限制其他设备对主机的远程登录。

✓　实践案例：

进行远程管理维护时，严格限制终端远程登录服务。堡垒机访问控制如图 4-29 所示。

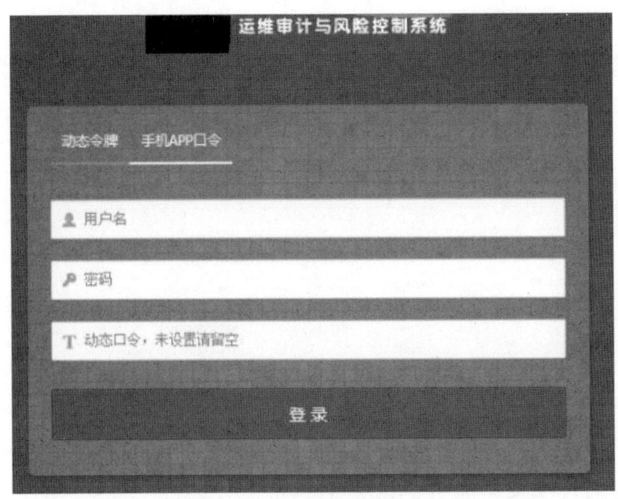

图 4-29　堡垒机访问控制

4.2.6　安全配置

❖　管控说明：

删除中间件不必要组件和缺省安装的无用文件，进行基本的安全配置和加固。

➢ 具体要求：

（1）删除中间件与应用系统的不必要组件。

（2）删除中间件与应用系统缺省安装的无用文件。

✓ 实践案例：

（1）删除中间件不必要组件和缺省安装的无用文件，已进行基本配置和加固。

（2）单击“部署”，查看是否有 sample 应用存在，如图 4-30 所示。

部署

安装 更新 删除 开始 停止　　显示1-10，共14个结果上一页 | 下一页

Name	州	健康	类型	部署顺序
apache_xbean.jar	活性		图书馆	100
asyncServletEar	活性	好	企业应用	100
ejb20BeanMgedEar	活性	好	企业应用	100
ejb30	活性	好	企业应用	100
examplesWebApp	活性	好	Web应用程序	100
extServletAnnotationsEar	活性	好	企业应用	100
jdbcRowSetsEar	活性	好	企业应用	100
jspSimpleTagEar	活性	好	企业应用	100
mainWebApp	活性	好	Web应用程序	100
pubsub (1.0,1.2.0.0)	活性		图书馆	100

安装 更新 删除 开始 停止　　显示1-10，共14个结果上一页 | 下一页

图 4-30　删除默认示例应用

4.2.7　系统备份

1. 定期开展备份

❖ 管控说明：

对支撑应用服务的配置进行定期备份。

➢ 具体要求：

定期备份中间件所支持服务的配置信息。

✓ 实践案例：

对支撑应用的服务的配置进行备份。

2. 备份恢复测试

❖ 管控说明：

支撑应用的服务所处的环境发生变更时进行配置的备份恢复测试。

➢　具体要求：

定期对备份的中间件所支持服务的配置信息进行定期的备份恢复测试。

✓　实践案例：

对备份的中间件所支持服务的配置信息进行定期的备份恢复测试。

第 5 章

数据库运维技术及实践

数据库是“按照数据结构来组织、存储和管理数据的仓库”，是一个长期存储在计算机内的、有组织的、有共享的、统一管理的数据集合，数据库的概念实际包括以下两层意思：

（1）数据库是一个实体，它是能够合理保管数据的“仓库”，用户在该“仓库”中存放要管理的事务数据，“数据”和“库”两个概念结合成为数据库。

（2）数据库是数据管理的新方法和技术，它能更合适地组织数据、更方便地维护数据、更严密地控制数据和更有效地利用数据。

数据库类型分为关系型数据库和非关系型数据库。

关系型数据库，其存储的格式可以直观地反映实体间的关系。关系型数据库和常见的表格比较相似，关系型数据库中表与表之间是有很多复杂的关联关系的。常见的关系型数据库有 Mysql、SqlServer 等。在轻量或者小型的应用中，使用不同的关系型数据库对系统的性能影响不大，但是在构建大型应用时，则需要根据应用的业务需求和性能需求，选择合适的关系型数据库。

虽然关系型数据库有很多，但是大多数都遵循 SQL（结构化查询语言，Structured Query Language）标准。常见的操作有查询、新增、更新、删除、求和、排序等。

（1）查询语句：SELECT param FROM table WHERE condition。该语句可以理解为从 table 中查询出满足 condition 条件的字段 param。

（2）新增语句：INSERT INTO table（param1，param2，param3）VALUES（value1，value2，value3）。该语句可以理解为向 table 中的 param1，param2，param3 字段中分别插入 value1，value2，value3。

（3）更新语句：UPDATE table SET param=new_value WHERE condition。该语句可以理解为将满足 condition 条件的字段 param 更新为 new_value 值。

（4）删除语句：DELETE FROM table WHERE condition。该语句可以理解为将满足 condition 条件的数据全部删除。

（5）去重查询：SELECT DISTINCT param FROM table WHERE condition。该语句可以理解为从表 table 中查询出满足条件 condition 的字段 param，但是 param 中重复的值只能出现一次。

（6）排序查询：SELECT param FROM table WHERE condition ORDER BY param1。该语句可以理解为从表 table 中查询出满足 condition 条件的 param，并且要按照 param1 升序进行排序。

总体来说，数据库的 SELECT、INSERT、UPDATE、DELETE 对应了常用的增删改查四种操作。关系型数据库对于结构化数据的处理更合适，如学生成绩、地址等，这样的数据在一般情况下需要使用结构化的查询，例如 join，而在这种情况下，关系型数据库就会比 NoSQL 数据库性能更优，而且精确度更高。由于结构化数据的规模不算太大，数据规模的增长通常也是可预期的，所以针对结构化数据，使用关系型数据库更好。关系型数据库十分注意数据操作的事务性、一致性，如果对这方面有要求，那么关系型数据库无疑可以很好满足。

随着近些年技术方向的不断拓展，大量的 NoSQL 数据库如 MongoDB、Redis、Memcache 出于简化数据库结构、避免冗余、影响性能的表连接、摒弃复杂分布式的目的被设计，指的是分布式的、非关系型的、不保证遵循 ACID 原则的数据存储系统。NoSQL 数据库技术与 CAP 理论、一致性哈希算法有密切关系。所谓 CAP 理论，简单来说就是一个分布式系统不可能满足可用性、一致性与分区容错性这三个要求，一次性满足两种要求是该系统的上限。而一致性哈希算法指的是 NoSQL 数据库在应用过程中，为满足工作需求而在通常情况下产生的一种数据算法。该算法能有效解决工作方面的诸多问题。但它也存在弊端，即工作完成质量会随着节点的变化而产生波动，当节点过多时，相关工作结果就无法十分准确。这一问题使整个系统的工作效率受到影响，导致整个数据库系统的数据乱码与出错率大大提高，甚至会出现数据节点的内容迁移，产生错误的代码信息。尽管如此，NoSQL 数据库技术还是具有非常明显的应用优势，如数据库结构相对简单，在大数据量下的读写性能好；能满足随时存储自定义数据格式需求，非常适用于大数据处理工作。

NoSQL 数据库适合追求速度和可扩展性、业务多变的应用场景，对于非结构化数据的处理更合适，如文章、评论，这些数据如全文搜索、机器学习通常只用于模糊处理，并不需要像结构化数据一样，进行精确查询，而且这类数据的数据规模往往是海量的，数据规模的增长通常也是不可能预期的，而 NoSQL 数据库的扩展能力几乎也是无限的，所以 NoSQL 数据库可以很好地满足这一类数据的存储。NoSQL 数据库利用 key-value 可以获取大量的非结构化数据，并且数据的获取效率很高，但

用它查询结构化数据的效果就比较差。

目前 NoSQL 数据库仍然没有统一的标准，目前它可分为四大类：

（1）键值对存储（key-value）：代表软件 Redis，它的优点是能够进行数据的快速查询，缺点是需要存储数据之间的关系。

（2）列存储：代表软件 Hbase，它的优点是能对数据快速查询，数据存储的扩展性强，缺点是数据库的功能有局限性。

（3）文档数据库存储：代表软件 MongoDB，它的优点是对数据结构要求不特别的严格，缺点是查询性的性能不好，同时缺少统一的查询语言。

（4）图形数据库存储：代表软件 InfoGrid，它的优点是可以方便地利用图结构相关算法进行计算，缺点是要想得到结果必须进行整个图的计算，而且遇到不适合的数据模型时，图形数据库很难使用。

5.1 Mysql 数据库

5.1.1 身份鉴别

1. 登录身份鉴别功能

❖ 管控说明：

提供专用的登录控制模块对登录用户进行身份标识和鉴别。

➢ 具体要求：

查看数据库管理身份标识与鉴别机制采取何种措施实现；

✓ 实践案例：

进入 Mysql 数据库命令，执行：mysql –u 用户名 –p，回车然后输入密码，如图 5-1 所示。

2. 登录口令设置

❖ 管控说明：

对用户的密码强度和密码使用的时间进行监督。强制要求用户定期修改密码及强制用户设置密码由字母、数字、特殊字符等组成，以增强用户口令的安全性。

➢ 具体要求：

（1）检查管理员密码应满足至少 8 位字符，包括字母与数字，区分大小写、字符串；

图 5-1　Mysql 登录用户鉴别

（2）查看 Mysql4.0 及以上版本在用户的属性中是否强制实施密码策略。

✓　实践案例：

（1）Mysql 数据库命令行中，执行 Mysql> select user from Mysql.user，查看存在的用户（查全部），如图 5-2 所示。

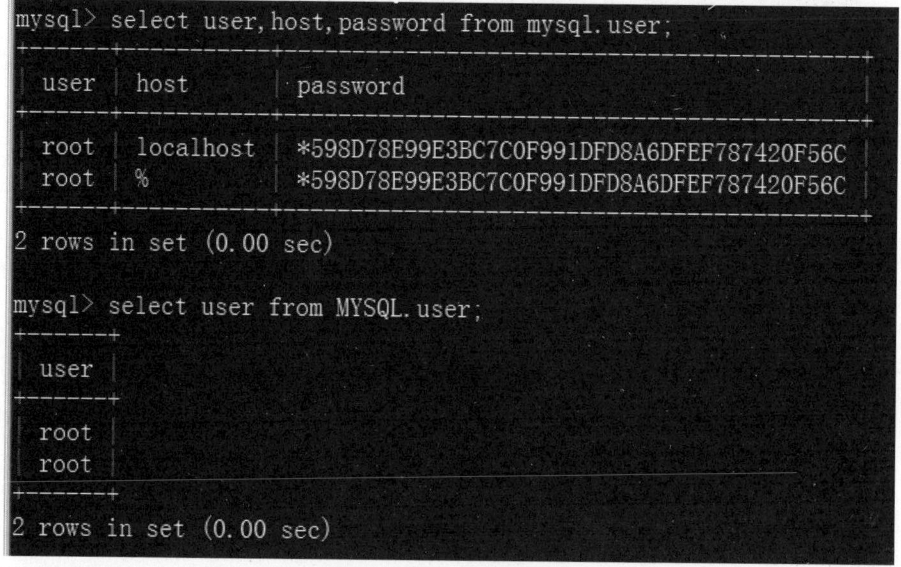

图 5-2　Mysql 查看用户

（2）Mysql 数据库命令行中，执行 Mysql> select host，user，password from Mysql.user，查看用户的用户名、密码、主机地址，如图 5-3 所示。

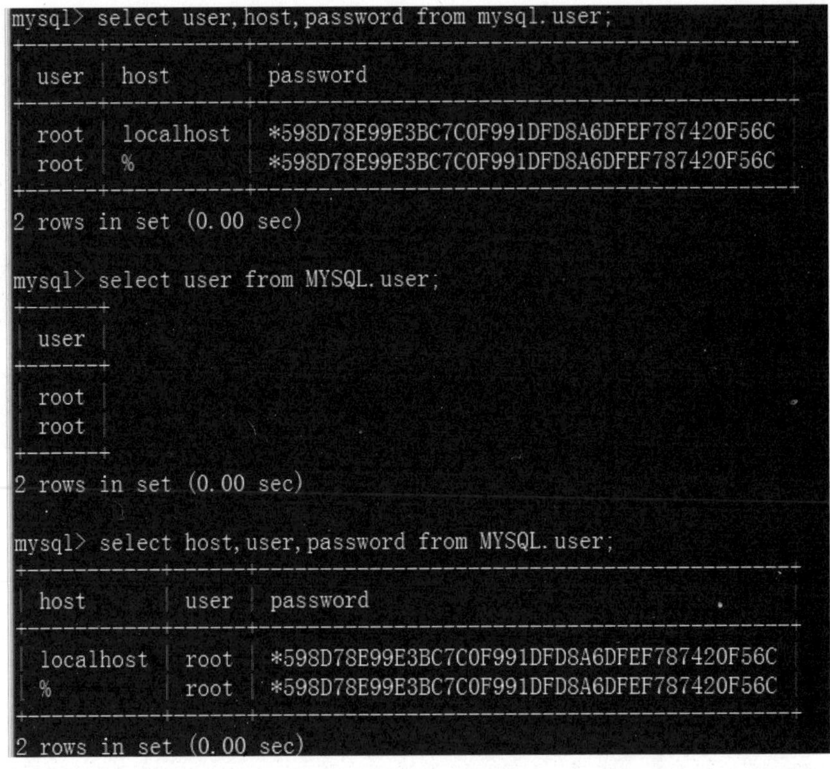

```
mysql> select user,host,password from mysql.user;
+------+-----------+-------------------------------------------+
| user | host      | password                                  |
+------+-----------+-------------------------------------------+
| root | localhost | *598D78E99E3BC7C0F991DFD8A6DFEF787420F56C |
| root | %         | *598D78E99E3BC7C0F991DFD8A6DFEF787420F56C |
+------+-----------+-------------------------------------------+
2 rows in set (0.00 sec)

mysql> select user from MYSQL.user;
+------+
| user |
+------+
| root |
| root |
+------+
2 rows in set (0.00 sec)

mysql> select host,user,password from MYSQL.user;
+-----------+------+-------------------------------------------+
| host      | user | password                                  |
+-----------+------+-------------------------------------------+
| localhost | root | *598D78E99E3BC7C0F991DFD8A6DFEF787420F56C |
| %         | root | *598D78E99E3BC7C0F991DFD8A6DFEF787420F56C |
+-----------+------+-------------------------------------------+
2 rows in set (0.00 sec)
```

图 5-3　Mysql 查看用户

3. 删除默认数据库及用户

❖　管控说明：

Mysql 初始化后会自动生成空用户和 test 库，这会对数据库的安全构成威胁，需要全部删除。

➢　具体要求：

删除 Mysql 安装后自动生成的空用户和 test 库，保留单个 root 即可。

✓　实践案例：

Show databases;

dorp　databases test;　　　　删除数据库 test

delete from user where not (user= 'root');　　　　删除初始非 root 用户

4. 最小权限账号运行

❖　管控说明：

按照要求使用专用的最小权限账号运行 Mysql 数据库进程。

➢　具体要求：

使用专用的最小权限账号运行 Mysql 数据库进程。

✓　实践案例：

（1）Windows 系统：直接打开任务管理器，查看运行 Mysql 进程的操作系统账号，不能为 administrator 账号。

（2）Linux 系统：Shell 命令行运行如下命令：

ps -ef | grep mysql

查看 Mysql 服务的运行账号是否为 root 或其他高权限账号，如果是，则需要创建一个非管理员专用账号来运行 Mysql 服务。

5. 登录失败处理功能

❖　管控说明：

启用登录失败处理功能，可采取结束会话、限制非法登录次数和自动退出等措施。

➢　具体要求：

查看是否配置了登录失败处理功能，是否设置了非法登录次数的限制值；查看是否设置网络登录连接超时，并自动退出；

✓　实践案例：

查看：/etc/my.cnf 文件里面是否设置下面的限制：

aborted_connects　=5	连接 Mysql 失败次数
connections=50	连接 Mysql 的数量
Max_used_connections=120	同时使用的连接数

5.1.2　访问控制

1. 远程管理

❖　管控说明：

如果使用系统远程管理功能，建议使用强度大于 8 位的密码及使用 SSL 方式加密进行传输管理。如果没有必要开启远程，建议不使用远程管理数据库功能。

➢　具体要求：

如果采用了远程管理，查看是否采用了防止鉴别信息在网络传输过程中被窃听的措施。

✓ 实践案例：

执行：show variables like 'have_openssl'，或者使用 show variables like "%ssl%"，查看是否有开启 SSL，如图 5-4 所示。

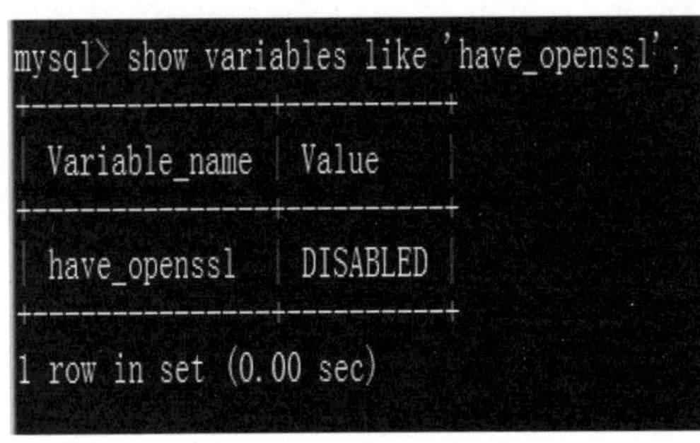

```
mysql> show variables like 'have_openssl';
+---------------+----------+
| Variable_name | Value    |
+---------------+----------+
| have_openssl  | DISABLED |
+---------------+----------+
1 row in set (0.00 sec)
```

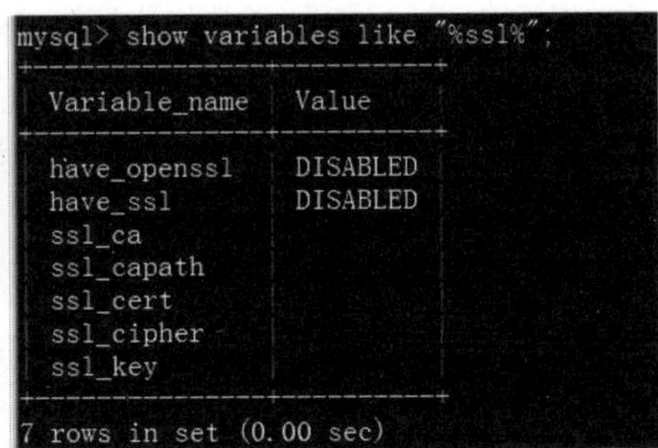

```
mysql> show variables like "%ssl%";
+---------------+----------+
| Variable_name | Value    |
+---------------+----------+
| have_openssl  | DISABLED |
| have_ssl      | DISABLED |
| ssl_ca        |          |
| ssl_capath    |          |
| ssl_cert      |          |
| ssl_cipher    |          |
| ssl_key       |          |
+---------------+----------+
7 rows in set (0.00 sec)
```

图 5-4　MYSQL 查看远程管理

2. 安全策略控制

❖ 管控说明：

使用安全策略控制用户对资源的访问，并关闭不必要的服务及端口。

➢ 具体要求：

查看是否对重要文件的访问权限进行了限制，对系统不需要的服务、共享路径等进行了禁用或删除；

✓ 实践案例：

检查数据库安装、数据文件、备份等目录，权限应小于 644，用户属于相对应的组具有权限。其中 my.cnf 改为 600 权限。如图 5-5、图 5-6 所示。

```
[root@ttlsa ~]# ls -l /etc/my.cnf
-rwxrwxrwx 1 root root 4878 Jul 30 11:31 /etc/my.cnf
```

图 5-5　MYSQL 查看 my.cnf 权限

```
[root@ttlsa ~]# chmod 644 /etc/my.cnf
```

图 5-6　MYSQL 修改 my.cnf 权限

3. 对重要数据加密

❖ 管控说明：

Mysql 提供了以下 4 个函数用于哈希加密：PASSWORD、ENCRYPT、SHA1 和 MD5。

➢　具体要求：

对重要函数进行加密。

✓　实践案例：

（1）执行：select md5（" admin "）。如图 5-7 所示。

```
mysql> select md5("admin")
    -> ;
+----------------------------------+
| md5("admin")                     |
+----------------------------------+
| 21232f297a57a5a743894a0e4a801fc3 |
+----------------------------------+
1 row in set (0.09 sec)
```

图 5-7　MYSQL 重要函数加密（1）

（2）执行：select password（" admin "）。如图 5-8 所示。

```
mysql> select password("admin");
+-------------------------------------------+
| password("admin")                         |
+-------------------------------------------+
| *4ACFE3202A5FF5CF467898FC58AAB1D615029441 |
+-------------------------------------------+
1 row in set (0.00 sec)
```

图 5-8　MYSQL 重要函数加密（2）

（3）执行：select encrypt（" admin "）。如图 5-9 所示。

```
mysql> select encrypt("admin");
+------------------+
| encrypt("admin") |
+------------------+
| 3ExeWKRBto4LI    |
+------------------+
1 row in set (0.00 sec)
```

图 5-9　MYSQL 重要函数加密（3）

（4）执行：select sha1（" admin "）。如图 5-10 所示。

```
mysql> select sha1("admin");
+------------------------------------------+
| sha1("admin")                            |
+------------------------------------------+
| d033e22ae348aeb5660fc2140aec35850c4da997 |
+------------------------------------------+
1 row in set (0.00 sec)

mysql>
```

图 5-10　MYSQL 重要函数加密（4）

4. 本地文件读取保护

❖　管控说明：

预防用户读取服务器上的本地文件。

➢　具体要求：

防止 Mysql 使用“LOAD DATA LOCAL INFILE”读取主机上的文件。

✓　实践案例：

设置：set-variable=local-infile=0；如图 5-11 所示。

```
[mysqld]
datadir=/var/lib/mysql
socket=/var/lib/mysql/mysql.sock
user=mysql
# Disabling symbolic-links is recommended to prevent assorted security risks
symbolic-links=0
skip-networking
max_user_connections 2
set-variable=local-infile=0
[mysqld_safe]
log-error=/var/log/mysqld.log
pid-file=/var/run/mysqld/mysqld.pid
```

图 5-11　MYSQL 本地文件读取保护

5. 命令行历史记录

❖　管控说明：

禁止使用 Mysql 命令行历史记录。

➢　具体要求：

防止 MYSQL 使用“LOAD DATA LOCAL INFILE”读取主机上的文件。

✓　实践案例：

（1）执行：find / -name ".mysql_history"。

（2）查看是否存在 mysql 的历史命令记录文件。如果存在，则需要进行如下加固：

① 删除.mysql_history 文件；

② 设置环境变量 MYSQL_HISTFILE 为/dev/null，并添加到 shell 的初始化脚本中，创建 mysql_history 到/dev/null 的链接：ln -s /dev/null $HOME/.Mysql_History。

6. 日志文件

❖　管控说明：

Mysql 的运行会产生很多日志，例如二进制日志、错误日志、慢查询日志等，需控制二进制日志文件的权限、错误日志文件的权限、慢查询日志文件的权限、通用日志文件的权限及审计日志文件的权限。

➢　具体要求：

（1）控制数据目录的访问权限；

（2）控制二进制日志文件的权限；

（3）控制错误日志文件的权限；

（4）控制慢查询日志文件的权限；

（5）控制通用日志文件的权限。

✓　实践案例：

（1）执行：ls -l <datadir>/.. | egrep "^d[r|w|x]{3}------\s*.\s*Mysql\s*Mysql\s*\d*.*Mysql"

其中<datadir>是第一条命令的执行结果，如果存在问题，linux 环境下在终端执行如下命令进行加固：

chmod 700 <datadir>

chown Mysql：Mysql <datadir>

（2）执行：ls <log_bin_basename>

对于发现的每一个文件，执行如下命令：

ls -l <log_bin_basename.nnnnn> | egrep "^-[r|w]{2}-[r|w]{2}----\s*.*$"

根据输出确认日志文件的权限设置是否存在问题。对于每个日志文件，修改其权限和属组如下：

chmod 660 <log file>

chown Mysql：Mysql <log file>

（3）执行：ls <log_error>

对于发现的每一个文件，执行如下命令：

ls -l <log_error> | egrep "^-[r|w]{2}-[r|w] {2}----\s*.*$"

根据输出确认日志文件的权限设置是否存在问题。对于每个日志文件，修改其权限和属组如下：

chmod 660 <log file>

chown Mysql：Mysql <log file>

（4）执行：ls <slow_query_log_file>

对于发现的每一个文件，执行如下命令：

ls -l <slow_query_log_file> | egrep "^-[r|w]{2}-[r|w]{2}----\s*.*$"

根据输出确认日志文件的权限设置是否存在问题，对于每个日志文件，修改其权限和属组如下：

chmod 660 <log file>

chown Mysql：Mysql <log file>

（5）执行：ls <general_log_file>

对于发现的每一个文件，执行如下命令：

ls -l <general_log_file> | egrep "^-[r|w]{2}-[r|w]{2}----\s*.*$"

根据输出确认日志文件的权限设置是否存在问题，对于每个日志文件，修改其权限和属组如下：

chmod 660 <log file>

chown Mysql：Mysql <log file>

5.1.3 安全审计

1. 数据库审计

❖ 管控说明：

开启数据库审计功能，并对所有数据库用户行为进行审计。

➢ 具体要求：

检查重要服务器操作系统、重要终端操作系统和重要数据库管理系统，查看安全审计配置是否符合安全审计策略的要求。

✓　实践案例：

执行：show variables like 'log_%'；若是 OFF 则表示没打开，对未开启审计的需开启。如图 5-12 所示。

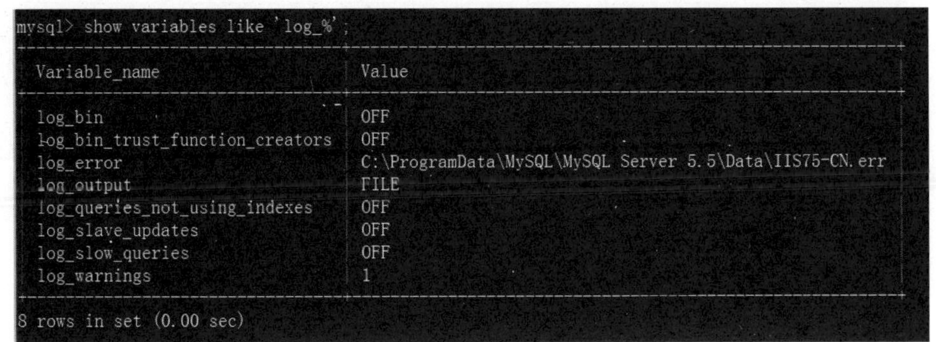

```
mysql> show variables like 'log_%';
+---------------------------------+-------------------------------------------------------+
| Variable_name                   | Value                                                 |
+---------------------------------+-------------------------------------------------------+
| log_bin                         | OFF                                                   |
| log_bin_trust_function_creators | OFF                                                   |
| log_error                       | C:\ProgramData\MySQL\MySQL Server 5.5\Data\IIS75-CN.err |
| log_output                      | FILE                                                  |
| log_queries_not_using_indexes   | OFF                                                   |
| log_slave_updates               | OFF                                                   |
| log_slow_queries                | OFF                                                   |
| log_warnings                    | 1                                                     |
+---------------------------------+-------------------------------------------------------+
8 rows in set (0.00 sec)
```

图 5-12　Mysql 查看数据库审计

2. 配置审计功能

❖　管控说明：

配置审计功能，审计日志内容需包括数据库的重要用户行为，系统资源异常和重要系统命令使用等数据库用户操作过程进行严格记录。

➢　具体要求：

（1）审计内容应包括重要用户行为、系统资源的异常使用和重要系统命令的使用等系统重要安全相关事件，至少包括：用户的添加和删除、审计功能的启动和关闭、审计策略的调整、权限变更、系统资源的异常使用、重要的系统操作（如用户登录、退出）、系统远程管理、账号登录、策略更改、对象访问、服务访问、系统事件、账户管理等行为及 www 等重要服务访问等。

（2）设置数据库日志保存时间大于 180 天。

✓　实践案例：

查看 Mysql 数据库服务器的审计功能级别，Mysql 有如下几种日志：

错误日志 LOG-ERR

查询日志 LOG

慢查询日志 LOG-SLOW-QUERIES

更新日志 LOG-UPDATE

二进制日志 LOG-BIN

在 Mysql 的安装目录下，打开 my.ini，在后面加上上面的参数保存后重启服务，

查看/etc/my.cnf，是否包含如下配置，如图 5-13 所示：

【mysqld】

Log=filename

```
# Error log - should be very few entries.
#
log_error = /var/log/mysql/error.log
#
```

图 5-13　MYSQL 日志审计

5.1.4　备份恢复

❖　管控说明：

当系统发生故障时，拥有系统的备份就显得至关重要，可以此恢复系统。实施怎样的备份和恢复策略取决于被恢复数据要达到的完整性和时效性。

➢　具体要求：

按照要求开展数据库备份及恢复。

✓　实践案例：

（1）备份执行：mysqldump -u username -p dbname table1 table2 ..→Backupname.sql；

其中，dbname：表示数据库的名字。

table1 和 table2：表示需要备份的表的名字，若为空则备份整个数据库，

Backupname.sql：文件之前可以加一个绝对路径，通常将数据库备份成一个后缀名为 sql 的文件。

（2）恢复执行：mysql -u root -p [dbnams] < backup.sql。

5.2　Oracle 数据库

5.2.1　身份鉴别

1. 登录身份鉴别功能

❖　管控说明：

提供专用的登录控制模块对登录用户进行身份标识和鉴别。

➢ 具体要求：

查看数据库管理身份标识与鉴别机制采取何种措施实现。

✓ 实践案例：

进入 Oracle 数据库，在 SQL*Plus 输入用户名密码登录，如图 5-14 所示。

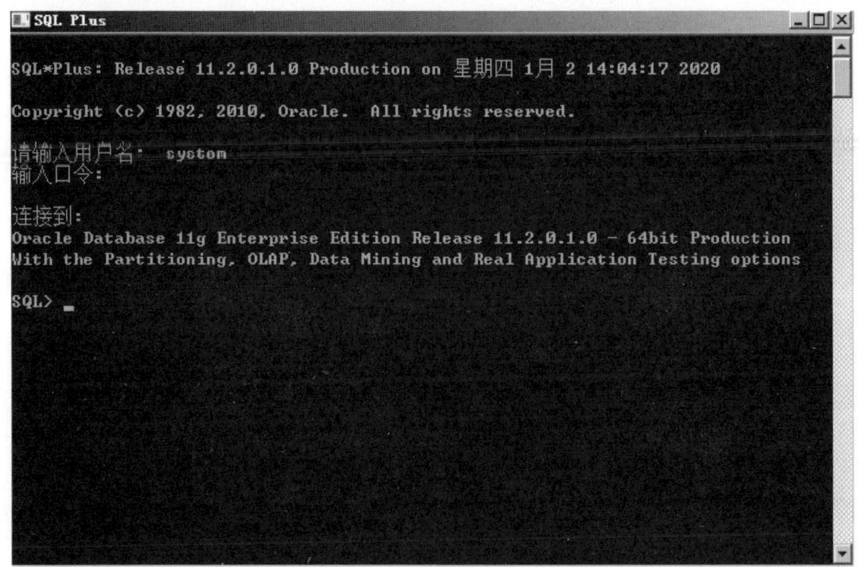

图 5-14　ORACLE 登录用户鉴别

2. 登录口令设置

❖ 管控说明：

对用户的密码强度和密码使用的时间进行监督。强制要求用户定期修改管理密码及强制用户设置由字母、数字、特殊字符等组成，以增强用户口令的安全性。

➢ 具体要求：

（1）检查管理员密码是否满足至少 8 位字符，包括字母与数字，区分大小写、字符串；

（2）查看相关参数是否符合以下要求：

password_lock_time=1；

password_reuse_ max 应为 5 以上；

password_life_time= 180。

✓ 实践案例：

（1）在 SQL*Plus 输入：select * from dba_profiles where resource_name =

'PASSWORD_VERIFY_FUNCTION';

select * from dba_profiles where resource_name = 'PASSWORD_REUSE_MAX';

如图 5-15 所示。查看相关参数是否符合以下要求：

password_lock_time=1；

password_reuse_ max 应为 5 以上；

password_life_time= 18。

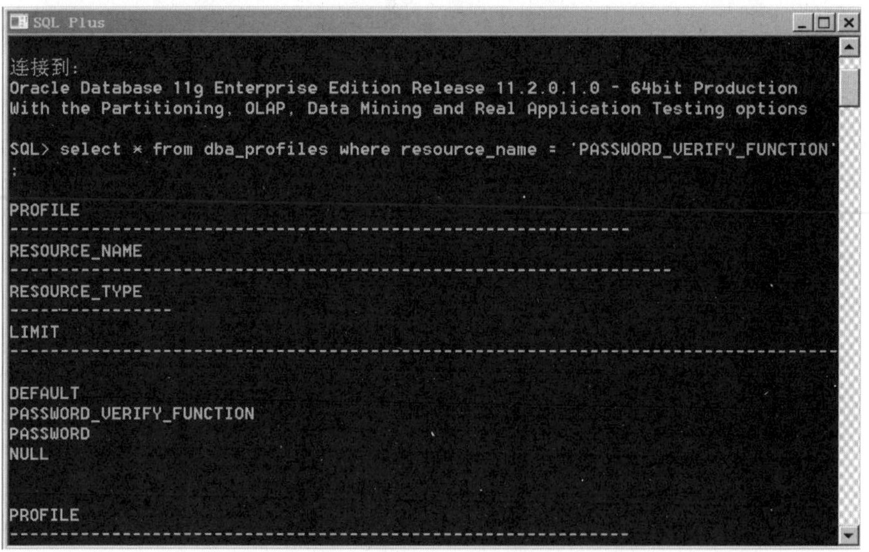

图 5-15　ORACLE 密码相关参数

（2）修改 Oracle 自带的默认文件$ORACLE_HOME/rdbms/admin/utlpwdmg.sql 创建 verify_function 函数（注：utlpwdmg.sql 中已经对口令长度，是否包含字母、数字、特殊字符验证）。

#vi $ORACLE_HOME/rdbms/admin/utlpwdmg.sql

将以下内容：

```
IF length（password）< 4 THEN
    raise_application_error（-20002，'Password length less than 4'）;
END IF;
```

修改为：

```
IF length（password）< 8 THEN
    raise_application_error（-20002，'Password length less than 8'）;
END IF;
```

修改 utlpwdmg.sql 中最后面的部分配置：

ALTER PROFILE DEFAULT LIMIT
PASSWORD_LIFE_TIME 60
PASSWORD_GRACE_TIME 10
PASSWORD_REUSE_TIME 1800
PASSWORD_REUSE_MAX UNLIMITED
FAILED_LOGIN_ATTEMPTS 3
PASSWORD_LOCK_TIME 1/1440
PASSWORD_VERIFY_FUNCTION verify_function；
ALTER PROFILE DEFAULT LIMIT
PASSWORD_VERIFY_FUNCTION verify_function；

注：Oracle10g 口令不区分大小写，Oracle11g 口令区分大小写。

从而 utlpwdmg.sql 设置完毕。

（3）conn / as sysdba 登录数据库后，执行 sql>@$ORACLE_HOME/rdbms/admin/utlpwdmg.sql。

3. 口令生存期

❖　管控说明：

对用户密码使用的时间进行监督。强制要求用户定期修改密码，增强用户口令的安全性。

➢　具体要求：

PASSWORD_LIFE_TIME 的值<=90。

✓　实践案例：

（1）在 SQL*Plus 输入：select limit from dba_profiles t where resource_name = 'PASSWORD_LIFE_TIME'；查看 PASSWORD_LIFE_TIME 的值是否不大于 90。如图 5-16 所示。

（2）sqlplus / as sysdba 登录数据库。

（3）查看当前开启用户及其 profile：

sql>select username，profile from dba_users where account_status='OPEN'；

（4）将所有开启用户 profile 中的 PASSWORD_LIFE_TIME 设置为期望数值：

sql>alter profile <profile_name> limit PASSWORD_LIFE_TIME 90；

其中，<profile_name>为步骤 3 输出的 profile 名称，默认有两种 DEFAULT 和 MONITORING_PROFILE。

```
SQL Plus
SQL> select limit from dba_profiles t where resource_name = 'PASSWORD_LIFE_TIME'
;

LIMIT
--------------------------------------------------------------------------------

180
DEFAULT

SQL> select username,profile from dba_users where account_status='OPEN';

USERNAME
------------------------------------------------------------
PROFILE
------------------------------------------------------------
SYSTEM
DEFAULT

SYS
DEFAULT

SYSMAN
DEFAULT
```

图 5-16　ORACLE 口令生存周期

4. 删除或锁定无关账户

❖　管控说明：

在创建数据库时，ORACLE 已经为 SYS 等 4 个账户设定了口令，其中 SYS 与 SYSTEM 具有管理员权限，不能避免存在其他用户或测试用户。需删除无关账户来保障数据库安全。

➢　具体要求：

检查是否存在无关账户，删除或者锁定无关账户。

✓　实践案例：

（1）在 SQL*Plus 输入：select t.username from dba_users t where t.account_status = 'OPEN'；人工判断输出是否存在与数据库运行和维护无关的账号。如图 5-17 所示。

（2）锁定用户：

sql>alter user <username> account lock；

（3）删除用户：

sql>drop user <username> cascade；

```
SQL Plus
SQL*Plus: Release 11.2.0.1.0 Production on 星期四 1月 2 15:38:01 2020

Copyright (c) 1982, 2010, Oracle.  All rights reserved.

请输入用户名:  system
输入口令:

连接到:
Oracle Database 11g Enterprise Edition Release 11.2.0.1.0 - 64bit Production
With the Partitioning, OLAP, Data Mining and Real Application Testing options

SQL> select t.username from dba_users t where t.account_status = 'OPEN';

USERNAME
------------------------------------------------------------
SYSTEM
SYS
SYSMAN
DBSNMP
MGMT_VIEW

SQL> _
```

图 5-17　ORACLE 查看所有账户状态为 OPEN

5. 最小权限账号运行

❖　管控说明：

按照要求使用专用的最小权限账号运行 ORACLE 数据库进程。

➢　具体要求：

public 角色不存在不必要的包执行权限。

✓　实践案例：

（1）在 SQL*Plus 输入：select table_name from dba_tab_privs where grantee='PUBLIC'andprivilege='EXECUTE'andtable_namein（'UTL_FILE'，'UTL_TCP'，'UTL_HTTP'，'UTL_SMTP'，'DBMS_LOB'，'DBMS_SYS_SQL'，'DBMS_JOB'）；判断 public 角色是否不存在不必要的包执行权限。如图 5-18 所示。

```
SQL Plus
USERNAME
------------------------------------------------------------
SYSTEM
SYS
SYSMAN
DBSNMP
MGMT_VIEW

SQL> select table_name from dba_tab_privs where grantee='PUBLIC' and privilege='
EXECUTE' and table_name in ('UTL_FILE','UTL_TCP','UTL_HTTP','UTL_SMTP','DBMS_LOB
','DBMS_SYS_SQL','DBMS_JOB');

TABLE_NAME
------------------------------------------------------------
DBMS_LOB
UTL_TCP
UTL_HTTP
UTL_FILE
UTL_SMTP
DBMS_JOB

已选择6行。
```

图 5-18　ORACLE 查看 public 角色权限

（2）SQL>revoke execute on <程序包名称> from public；

其中，程序包名称为步骤 1 的输出。

5.2.2　访问控制

1. 远程管理

❖　管控说明：

如果使用系统远程管理功能，建议使用强度大于 8 位的密码及使用 SSL 方式加密进行传输管理。如果没有必要开启远程，建议不使用远程管理数据库功能。

➢　具体要求：

（1）不能通过 Sql*Net 远程以 SYSDBA 用户连接到数据库。

（2）在数据库主机上以 sqlplus '/as sysdba'连接到数据库需要输入口令。

✓　实践案例：

（1）在 spfile 中设置 REMOTE_LOGIN_PASSWORDFILE=NONE 来禁止 SYSDBA 用户从远程登录，如图 5-19 所示。在 sqlnet.ora 中设置 SQLNET.AUTHENTICATION_SERVICES=NONE 来禁用 SYSDBA 角色的自动登录。

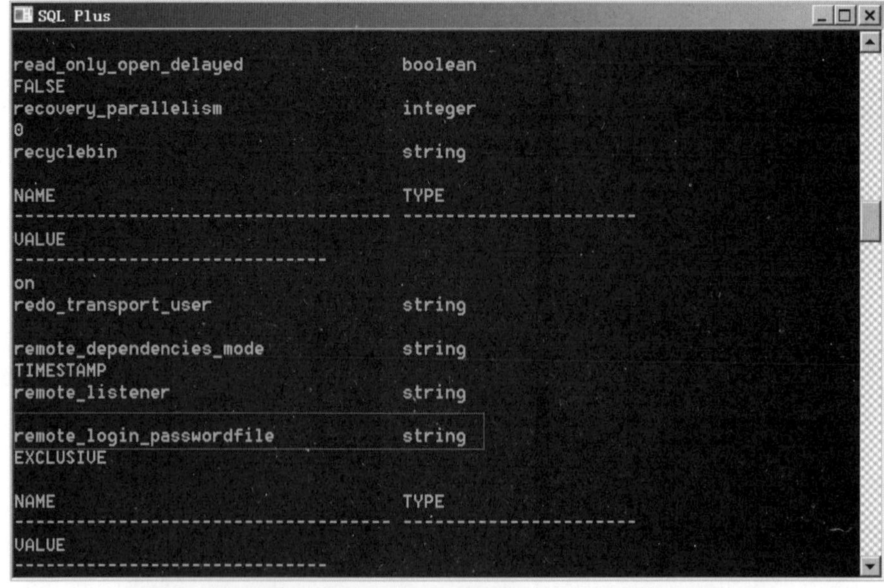

图 5-19　ORACLE 限制超级管理员远程登录

（2）使用 show parameter 命令来检查参数 REMOTE_LOGIN_PASSWORDFILE

是否设置为 NONE；

（3）检查在$ORACLE_HOME/network/admin/sqlnet.ora 文件中参数 SQLNET.AUTHENTICATION_SERVICES 是否被设置成 NONE。

2. 权限最小化

❖　管控说明：

在数据库权限配置能力内，根据用户的业务需要，配置其所需的最小权限。

➢　具体要求：

（1）检查是否存在多余的、过期的以及共享的账号；

（2）禁用 TEST、HR、SCOTT、OE、PM、SH 等默认用户；

（3）删除无用账号。

✓　实践案例：

（1）使用命令：select * from user_sys_privs；select * from user_role_privs；select * from user_tab_privs；

```
SQL> select * from user_sys_privs;

USERNAME                       PRIVILEGE                                ADM
------------------------------ ---------------------------------------- ---
SSCP2                          UPDATE ANY TABLE                         NO
SSCP2                          DELETE ANY TABLE                         NO
SSCP2                          UNLIMITED TABLESPACE                     NO
SSCP2                          INSERT ANY TABLE                         NO

SQL>
```

图 5-20　ORACLE 权限查看

（2）使用数据库角色（ROLE）来管理对象的权限。

创建角色，不指定密码：create role testrole；

创建角色，指定密码：create role testrole identified by passwd；

修改角色：alter role testrole identified by passwd；

给角色授予权限：Grant select on Table_name to testrole；

3. 数据字典保护

❖　管控说明：

启用数据字典保护，只有 SYSDBA 用户才能访问数据字典基础表。

➢　具体要求：

以普通用户登录到数据库，不能查看 X$开头的表，比如：

select * from sys. x$ksppi;

✓ 实践案例:

(1)以 Oracle 用户登录到系统中。

(2)以 sqlplus '/as sysdba'登录到 sqlplus 环境中。

(3)使用 show parameter 命令来检查参数 O7_DICTIONARY_ACCESSIBILITY 是否设置为 FALSE。如图 5-21 所示。

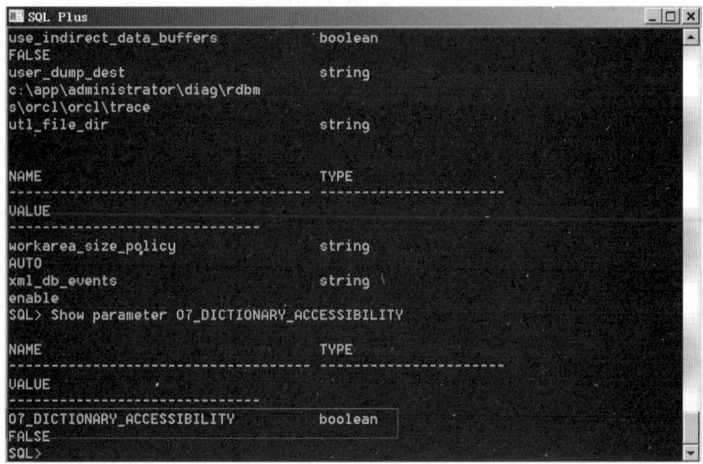

图 5-21 ORACLE 数据字典保护

4. DBA 组用户

❖ 管控说明:

限制在 DBA 组中的操作系统用户数量，通常 DBA 组中只有 Oracle 安装用户。

➢ 具体要求:

通过/etc/passwd 文件来检查是否有其他用户在 DBA 组中。

✓ 实践案例:

(1)通过/etc/passwd 文件来检查是否有其他用户在 DBA 组中。

(2)删除用户:

#userdel username;

(3)锁定用户:

① 修改/etc/shadow 文件，用户名后加*LK*;

② 将/etc/passwd 文件中的 shell 域设置成/bin/false;

③ #passwd -l username。

只有具备超级用户权限的使用者方可使用，#passwd -l username 锁定用户，用

#passwd -d username 解锁后原有密码失效，登录需输入新密码，修改/etc/shadow 能保留原有密码。

5. XDB 服务

❖　管控说明：

限制在 DBA 组中的操作系统用户数量，通常 DBA 组中只有 Oracle 安装用户。

➢　具体要求：

（1）操作系统未启用访问控制功能，依据安全策略控制用户对资源的访问；

（2）数据库系统的宿主操作系统除提供数据库服务外，提供其他网络服务，如：WWW、FTP、DNS 等；

（3）若数据库安装、数据文件、备份等目录的权限没有小于 755，则 Windows 平台中 everyone 用户没有写权限；

（4）通过 lsnrctl status 查看，未关闭 XDB 服务、禁止 PL/SQL 外部过程。

✓　实践案例：

（1）检查数据库安装、数据文件、备份等目录，权限应小于 755，则 Windows 平台中 everyone 用户没有写权限。

（2）查看是否开启 XDB 服务，是否准许 PL/SQL 外部过程。

（3）在 SQL*Plus 输入：show parameter dispatcher；如图 5-22 所示。或者通过安信通数据库扫描，查看是否有“开启 XDB 服务”漏洞。

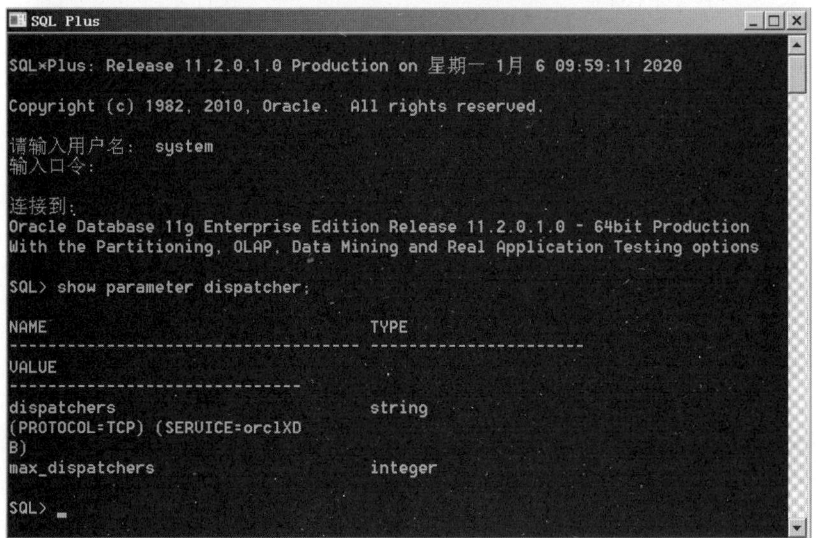

图 5-22　ORACLE XDB 服务

（4）查看侦听器配置文件，是否存在 ExtProc 项，或者通过安信通数据库扫描，查看是否有“注册了 ExtProc 服务”漏洞。

5.2.3 安全审计

1. 数据库审计

❖ 管控说明：

开启数据库审计功能，并对所有数据库用户行为进行审计，启用'audit_trail'审计级别。

➢ 具体要求：

查看是否开启审计，在 SQL*Plus 输入：

Select value from v$parameter where name='audit_trail';

✓ 实践案例：

在 SQL*Plus 输入：show parameter audit。如图 5-23 所示。查看 audit_tail 的值为 db/os/xml，或使用第三方审计软件。

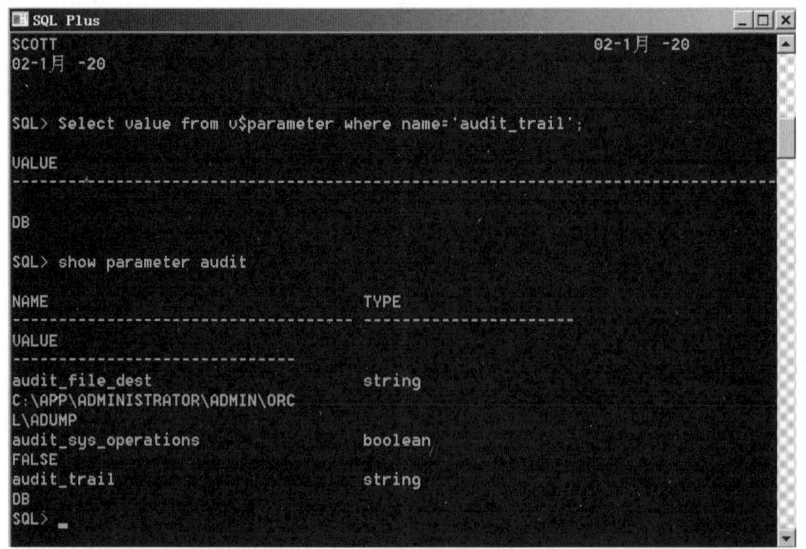

图 5-23　ORACLE 数据库审计

2. 日志记录

❖ 管控说明：

数据库应配置日志功能，对用户登录进行记录，记录内容包括用户登录使用的

账号、登录是否成功、登录时间以及远程登录时用户使用的 IP 地址。

➢　具体要求：

登录测试，检查相关信息是否被记录。

✓　实践案例：

```
（1）create table login_log                --        登入登出信息表
（2）session_id int not null,              --        sessionid
（3）login_on_time    date,                --        登入时间
（4）login_off_time    date,               --        登出时间
（5）user_in_db    varchar2（30），         --        登入的 db user
（6）machine       varchar2（20），         --        机器名
（7）ip_address varchar2（20），            --        ip 地址
（8）run_program varchar2（20）             --        以何程序登入
（9）create or replace trigger login_on_info    --    记录登入信息的触发器
after logon on database
Begin
insert into login_log（session_id，login_on_time，login_of
f_time，user_in_db，machine，ip_address，run_program）
select AUDSID，sysdate，null，sys.login_user，machine，SYS_CO
NTEXT（'USERENV'，'IP_ADDRESS'），program
from v$session where AUDSID = USERENV（'SESSIONID'）；--当前 SESSION
END;
（10）create or replace trigger login_off_info       --      记录登出信息的触发器
before logoff on database
Begin
update login_log set    login_off_time = sysdate
where session_id = USERENV（'SESSIONID'）；        --当前 SESSION
exception
when others then
null;
END;
```

3. 日志保存

❖ 管控说明：

设置数据库日志保存时间大于 180 天。保护日志的操作权限合理。防止非法修改和日志容量过小，覆盖日志重要记录和重要的用户行为操作等。

➢ 具体要求：

检查重要服务器操作系统和重要数据库管理系统的安全审计策略，查看是否通过日志覆盖周期、存储方式、日志文件、空间大小、日志记录保存时长不少于 180 天，日志文件操作权限等设置，实现了对审计记录的保护，使其避免受到未预期的删除、修改或覆盖等。

✓ 实践案例：

检查日志服务器，日志文件权限应设置为 640，确保审计进程能够避免受到未预期的中断，已限制审计日志文件的访问权限，审计日志文件保存已超过 180 天。

5.2.4 备份恢复

1. 数据库备份

❖ 管控说明：

当系统发生故障时，拥有系统的备份就显得至关重要，可以此恢复系统。实施怎样的备份和恢复策略取决于被恢复数据要达到的完整性和时效性。

➢ 具体要求：

按照要求开展数据库备份。

✓ 实践案例：

（1）以 root 用户身份登录 Oracle 数据库服务器：

su - root

（2）执行以下命令，在/home/Oracle（这个目录仅作参考，原则上以最大剩余空间目录为准）目录下创建目录 orabackup 用于存放导出数据文件。

mkdir /home/Oracle/orabackup

（3）修改 orabackup 目录的属主与 Oracle 用户的可写权限。

chown Oracle：oinstall /home/Oracle/orabackup

chmod 775 /home/Oracle/orabackup

（4）切换到 Oracle 用户环境。

su – Oracle

（5）以 SYS 身份用 SQLPLUS 登录数据库。

$ sqlplus / as sysdba

（6）SQL 环境下执行以下命令创建 Oracle 目录对象。

SQL>create or replace directory dir_backup as '/home/Oracle/orabackup';

其中，dir_backup 为 Oracle 数据库目录对象名称，可以自行命名；/home/Oracle/orabackup 是用于实际存放备份文件的 Oracle 服务器本地目录。

（7）SQL 环境下执行以下命令为 SA 用户赋值步骤 3 创建的目录的访问权限。

SQL> grant all on directory dir_backup to SA;

（8）退出 SQL 环境，回到 Oracle 操作系统用户环境。

SQL> exit

（9）Oracle 用户环境下执行 expdp 命令导出第一组表数据。

expdp sa/Oracle schemas=SA directory=DIR_BACKUP dumpfile=bms_bak.dmp logfile=bms_bak.log

执行时仅需要将上述 expdp 命令及其之后的内容复制到命令行执行就可以了。

在执行 expdp 命令期间，建议再开启一个终端连接，查看“/home/Oracle/orabackup”目录下文件的大小变化。

（10）当界面显示以下信息，表示 expdp 命令执行完成。

Master table "SA"."SYS_EXPORT_SCHEMA_01" successfully loaded/unloaded
****

Dump file set for SA.SYS_EXPORT_SCHEMA_01 is：/home/Oracle/orabackup/ expdp_sa.dmp Job "SA"."SYS_EXPORT_SCHEMA_01" successfully completed at 14:13:55

（11）将备份文件 bms_bak.dmp 移出本地服务器磁盘，然后使用 rm 命令删除本地文件。

$ rm　/home/Oracle/orabackup/bms_bak.dmp

移出文件的方法有多种，可以用 FTP、SCP 等命令。

2. 数据库恢复

❖　管控说明：

当系统发生故障时，拥有系统的备份就显得至关重要，可以此恢复系统。实施怎样的备份和恢复策略取决于被恢复数据要达到的完整性和时效性。

➢　具体要求：

按照要求开展数据库恢复。

✓ 实践案例：

（1）以 Oracle 用户身份登录需恢复数据的服务器。

su - Oracle

（2）先清理数据库中所有属于 SA 用户的对象，以确保数据能顺利导入。

（3）清理完成后返回 ORACLE 用户环境。

SQL> EXIT；

（4）在/home/Oracle/目录下创建一个用于存放 dmp 文件的目录 orabackup。

$ mkdir /home/Oracle/orabackup

存放 dmp 文件的目录根据实际环境可以自行创建，可以放到其他目录，只需要保证 Oracle 用户有对该目录的读写权限。

（5）将 dmp 文件上传到服务器/home/Oracle/orabackup 目录。按照导出的步骤，有 1 个 dmp 文件。

bms_bak.dmp

（6）以 SYS 身份用 sqlpus 登录 Oracle 数据库。

$ sqlplus / as sysdba

（7）SQL 环境下执行以下命令创建 Oracle 目录对象。

SQL>create or replace directory dir_backup as '/home/Oracle/orabackup';

其中，dir_backup 为 Oracle 数据库目录对象名称，可以自行命名。/home/Oracle/orabackup 是用于实际存放 dmp 文件（antispam.dmp 等）的目录。

（8）SQL 环境下执行以下命令为 SA 用户赋值步骤 5 创建的目录的访问权限。

SQL> grant all on directory dir_backup to SA；

（9）退出 SQL 环境，回到 Oracle 操作系统用户环境。

SQL> exit

（10）Oracle 用户环境下执行以下命令导入 dmp 文件 bms_bak.dmp。

$ impdp sa/Oracle schemas=SA directory=DIR_BACKUP dumpfile='bms_bak.dmp' logfile='bms_bak.log'

（11）数据导入任务完成。

参考文献

[1] 全国人民代表大会常务委员会发布．中华人民共和国网络安全法．2016.

[2] 中华人民共和国国家发展和改革委员会第 14 号令．电力监控系统安全防护规定．2014.

[3] 国家能源局．国家能源局关于印发电力监控系统安全防护总体方案等安全防护方案和评估规范的通知．国能安全〔2015〕36 号．2015.

[4] 童晓阳，王晓茹．乌克兰停电事件引起的网络攻击与电网信息安全防范思考[J]．电力系统自动化，2016.

[5] 启明星辰．启明星辰全力打造安全检查与服务解决方案[M]．北京人民邮电出版社，2011.

[6] 桂永宏．业务系统安全基线的研究及应用[J]．计算机安全，2011.

[7] 谌志华．安全基线管理在企业中的应用[J]．计算机安全，2013.

[8] 李丹，李云．安全基线管理在企业中的应用[J]．民营科技，2013.

[9] 李晨，王伟．安全基线控制在风险管理过程中的应用[J]．网络安全技术与应用，2009.

[10] 王雪华．构建基层央行信息安全基线[J]．中国金融电脑，2013.

[11] 马文，江翰，彭秋霞．电力信息安全基线自动化核查[J]．云南电力技术，2013.

[12] 赵建翊．浅谈烟草商业企业信息安全基线建设[J]．计算机安全，2013.

[13] 张鹏．基层央行信息安全基线建设问题与思考[J]．金融科技时代，2014.

[14] 马广宇，沈菁．如何更好地发挥通信网络安全基线的作用[J]．电信技术，2011.

[15] 崔高智，张跃斌，李斌．关于电力信息安全基线自动化核查的探讨[J]．科技创新与应用，2013.

[16] 程效伟，苏斌．电力系统跨安全防护区信息交互研究[J]．电力系统通信，2011.

[17] 殷红旭，吕奋飞，刘念，张建华．网络攻击影响电力基础设施的原因与实例分析[J]．电力信息化，2013.

[18] 梁仕甫，王国贤．电力信息安全中备份系统的应用分析[J]．信息与电脑，2018.

[19] 谢希仁. 计算机网络[M]. 北京：电子工业出版社，2008.
[20] 王其良，高敬瑜. 计算机网络安全技术[M]. 北京：北京大学出版社，2006.
[21] 付忠勇，赵振洲. 网络安全管理与维护[M]. 北京：清华大学出版社，2009.
[22] 吴世忠，李斌，张晓菲，沈传宁，李淼. 信息安全技术[M]. 北京：机械工业出版社，2017.

后 记

电力行业是关系国计民生和国家安全的重要基础行业，随着信息技术与传统能源行业各环节应用的深度融合，在“互联网+”智慧能源新技术、新模式和新业态不断兴起的背景下，能源行业对信息技术依赖程度的不断加大，网络安全风险也同步增加。近年来，国内外针对能源和电力行业的网络攻击日益频繁，新兴安全威胁不断增多，对电力监控系统现有安全防护体系提出了挑战。电力监控系统网络安全防护工作具有范围广、技术深、标准细的特点：一方面，通过不断建立健全相关标准体系，以指导各相关单位高效、有序开展工作；另一方面，通过深入推进安全配置与管理的标准化，基于实验室环境开展相关技术研究、测试验证、事件反演分析、攻防对抗等活动，提升和检验各单位安全防护运维技术技能水平。

本书以知识体系的全面性和实用性为原则，对电力监控系统安全运维相关标准、规范要求进行了梳理，结合具体实验案例对网络边界、操作系统、应用系统三个层面技术措施要求进行讲解，可为电力行业网络安全相关部门和从事电力监控系统网络安全管理、运维、开发和外包服务等相关工作人员提供参考。对网络安全知识的学习不能停留在理论知识层面的讲解，要通过实验活动才能透彻理解相关理论知识、掌握实际应用技能。为此，需要建立一套模拟电力生产真实环境的网络安全实训平台，配合理论教学供学员进行上机实验，理解电力监控系统安全防护架构特点、典型网络攻击原理及手法等内容，进而掌握针对常用网络防御软硬件配置和使用方法。